U0428857

苍穹劲舞
世界著名战斗机CG图册

赵云鹏 著

SKY DANCE
World Famous Computer CG Album

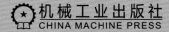

21世纪的战斗机早已进入高度信息化、电子化的时代，大推力发动机、隐身技术、短距起飞降落、高机动性、高态势感知等技战术指标令人目不暇接、眼花缭乱。

各国先进战斗机都有哪些？各有什么特色？又有什么"独门绝技"？战斗机进入超声速时代之后经历过怎样的发展变化？本书将向广大读者详尽展现各国先进战机的外观、涂装、试验试飞阶段、服役状态等信息，立意新颖，视角独特。书中精美的电脑三维图片的表现形式也将使读者耳目一新。

图书在版编目（CIP）数据

苍穹劲舞：世界著名战斗机CG图册 / 赵云鹏著. —北京：机械工业出版社，2023.5
ISBN 978-7-111-72812-2

Ⅰ. ①苍…　Ⅱ. ①赵…　Ⅲ. ①歼击机 – 世界 – 图集　Ⅳ. ①E926.31-64

中国国家版本馆CIP数据核字（2023）第046329号

机械工业出版社（北京市百万庄大街22号　邮政编码100037）
策划编辑：韩伟喆　　　　　责任编辑：韩伟喆
责任校对：牟丽英　张　薇　责任印制：张　博
北京汇林印务有限公司印刷
2023年5月第1版第1次印刷
260mm×210mm·17.25印张·2插页·229千字
标准书号：ISBN 978-7-111-72812-2
定价：129.00元

电话服务　　　　　　　　　网络服务
客服电话：010-88361066　　机　工　官　网：www.cmpbook.com
　　　　　010-88379833　　机　工　官　博：weibo.com/cmp1952
　　　　　010-68326294　　金　书　网：www.golden-book.com
封底无防伪标均为盗版　机工教育服务网：www.cmpedu.com

前　言

> 远看山有色
> 近听水无声
> 春去花还在
> 人来鸟不惊
> 　　——唐　王维《画》

　　特臻其妙、技艺精湛的唐代著名艺术家王摩诘，人称山水画大师，他的作品更是被北宋词人苏子瞻赞誉为诗中有画，画中有诗。其对于人、物、景、意、禅之描写创作达到了前所未有之高度，但有些遗憾，他没有见识过现今人类科技发展之集大成者：战斗机。

　　从上古时代至今，人类对于飞行的渴望与遐想从未间断。仰望蓝天，那些自由翱翔的鸟儿和万千美丽的传说，仿佛一种力量拖拽着人们离开地面，摆脱地心引力的束缚拥抱蓝天。从嫦娥吃了仙丹奔月到伊卡洛斯插翅而飞，从鲁班木鸢久飞不落到李林达尔著书《飞翔中的实际试验》，直至1903年奥维尔·莱特率先完成动力飞行，人类航空史揭开新的篇章。

　　"飞行者一号"长什么样？有哪些超越前人的创造性实践？米高扬、苏霍伊、通用、波音、欧洲宇航、法国达索等世界著名战斗机设计制造厂商的典型代表们将在这里如花般竞相绽放。21世纪的空中装备早已进入高度信息化、电子化的时代，大推力发动机、隐身技术、短距起飞降落、高机动性、高态势感知等技战术指标令人目不暇接、眼花缭乱。本书以精美电脑三维表现的形式，将以往无法充分体现的精彩画面呈现在读者面前，立意新颖，视角独特。不只有现今服役的世界主要战机，更有美国、法国、英国、俄罗斯等六代先进概念机设想图，与读者共飨。

　　一机一诗句，一型一古韵。此外，本书将每型战机配以相呼应的诗句，创造性地将诗词名句与战机结合的形式呈现在读者面前，表意达知，使读者既陶冶情操又增长了文化知识。

　　镂尘吹影，穷工极态。

　　每一幅三维战机作品都将以最新角度、最美构图、最佳光影完美呈现其风采。作品丰富又富有美感的同时，再辅以相应客观数据，令读者在欣赏精美作品的同时又可对其基本情况有所了解。本书形式新颖，使科普有趣又愉悦，适合各年龄段的读者阅读、欣赏。

　　王摩诘未曾想到，当今的数字绘画艺术不再是被高高供奉束之高阁的奢侈品，而是从这里走向人民大众，从这里发扬光大。

目　录
CONTENTS

前　言

螺旋桨之舞
- 01　飞行者一号　　　　　　　　　　008
- 02　寇蒂斯 P-40 "战斧" 战斗机　　　012
- 03　SBD "无畏" 俯冲轰炸机　　　　018

喷气时代
- 01　米格 -17 "壁画" 战斗机　　　　026
- 02　米格 -19 "农夫" 战斗机　　　　032
- 03　米格 -21 "鱼窝" 战斗机　　　　038
- 04　F-86 "佩刀" 战斗机　　　　　　046
- 05　F-104 "星" 战斗机　　　　　　　052

更高更快
- 01　米格 -31 "捕狐犬" 截击机　　　060
- 02　SR-71 "黑鸟" 战略侦察机　　　066

制空
- 01　"幻影" 2000 战斗机　　　　　　074
- 02　米格 -29 "支点" 战斗机　　　　080
- 03　苏 -27 "侧卫" 战斗机　　　　　088
- 04　F-16 "战隼" 战斗机　　　　　　098
- 05　F-15 "鹰" 战斗机　　　　　　　104

海空雄鹰	01	苏-33"海侧卫"舰载战斗机	114
	02	F-14"雄猫"舰载战斗机	122
	03	F/A-18F"超级大黄蜂"舰载多用途战斗机	130

多面手	01	苏-30"侧卫 G"多用途战斗机	142
	02	F-15E"攻击鹰"多用途战斗机	148

欧洲骑士	01	法兰西"阵风"战斗机	158
	02	欧洲"台风"战斗机	166
	03	JAS-39"鹰狮"战斗机	172

怀才不遇	01	苏-47"金雕"验证机	180
	02	YF-23"黑寡妇Ⅱ"验证机	186
	03	米格 1.44 验证机	192

隐身杀手	01	F-117"夜鹰"攻击机	200
	02	F-22"猛禽"战斗机	206
	03	F-35B"闪电Ⅱ"战斗机	214
	04	苏-57"重案犯"战斗机	222

未来之星	01	法国六代概念机	232
	02	英国"暴风"六代概念机	236
	03	美国 FXX 六代概念机	240
	04	俄罗斯苏-75 概念机	244

战场大脑	01	P-3"猎户座"侦察/巡逻机	250
	02	E-3"望楼"空中预警机	256
	03	A-50"支柱"空中预警机	262
	04	P-8A"海神"反潜巡逻机	266

附录	俄制空空导弹	270
部分机载武器	美制空空导弹	271
	其他导弹	272
	俄制对地攻击武器	273
	美制对地攻击武器	274

苍穹劲舞
世界著名战斗机 CG 图册

螺旋槳之舞

01 飞行者一号

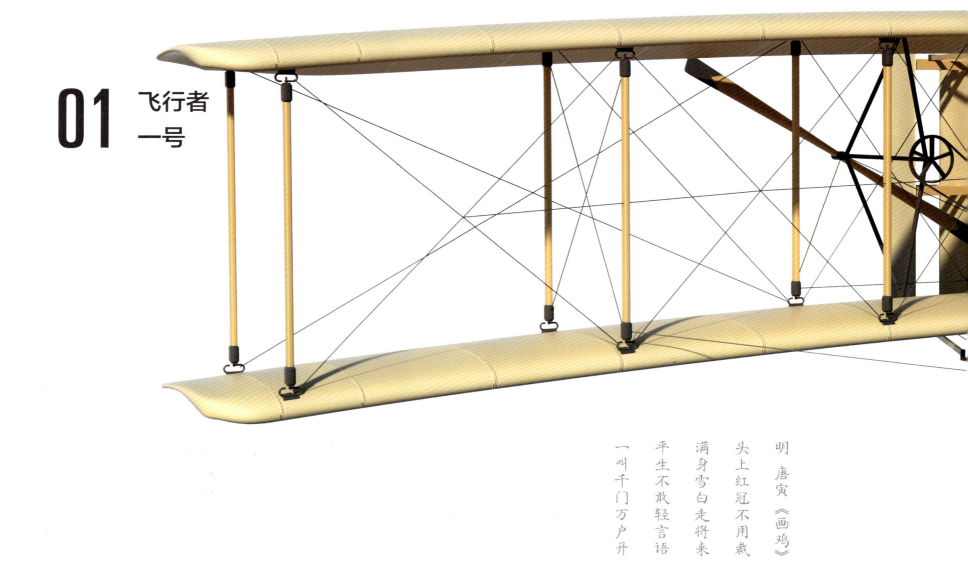

明 唐寅 《画鸡》

头上红冠不用裁
满身雪白走将来
平生不敢轻言语
一叫千门万户开

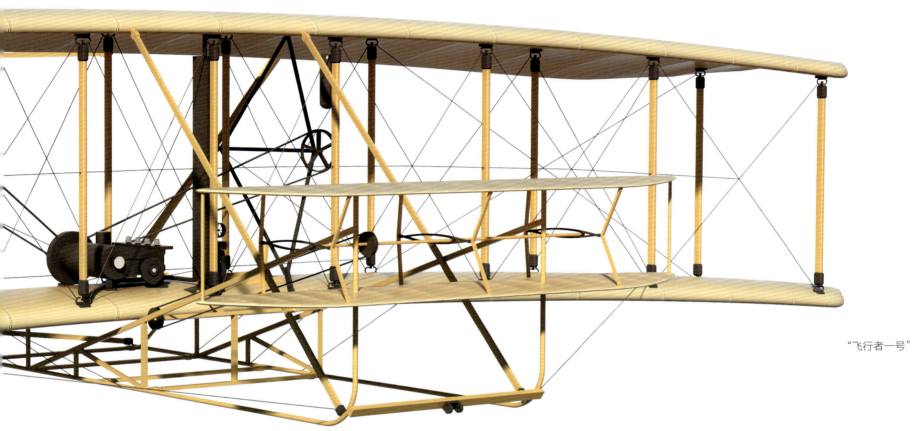

"飞行者一号"

　　1903年12月17日,美国,北卡罗来纳州。奥维尔·莱特驾驶着"飞行者一号"冲上天空。虽然当天第一次飞行时间仅仅十几秒时间,飞行距离也不到40米,但这是人类有动力控制的真正意义上的飞机首次飞行。当时美国政府和媒体对此次飞行抱有怀疑态度,还有些非议和不重视,但这无疑是人类科技史上伟大的一天。莱特兄弟完成了不可能的任务,首架由人主动控制、带有发动机的飞机飞向蓝天,也宣告了人类与天空较量的开始,人类制胜天空的帷幕就此拉开。"飞行者一号"也确立了莱特兄弟在航空史上的地位。真可谓"一叫千门万户开"。

　　装有发动机和可控制舵面使得"飞行者一号"具有了真正意义上飞机的概念。虽然"飞行者一号"还是那么原始,控制舵面更是落后的软式连接,但发动机的加入可以使飞机依靠自身动力向前飞行,不再完全依靠风力。

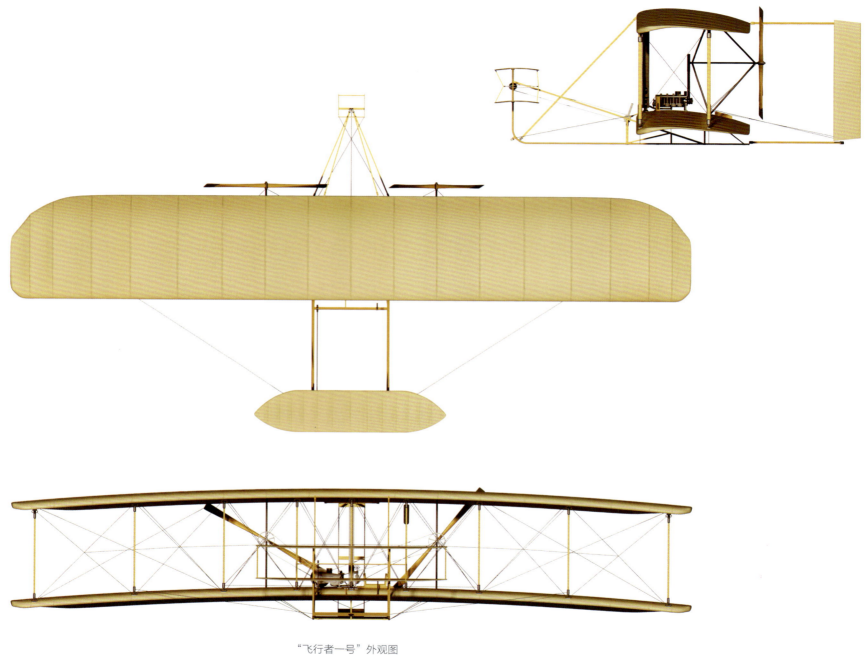

"飞行者一号"外观图

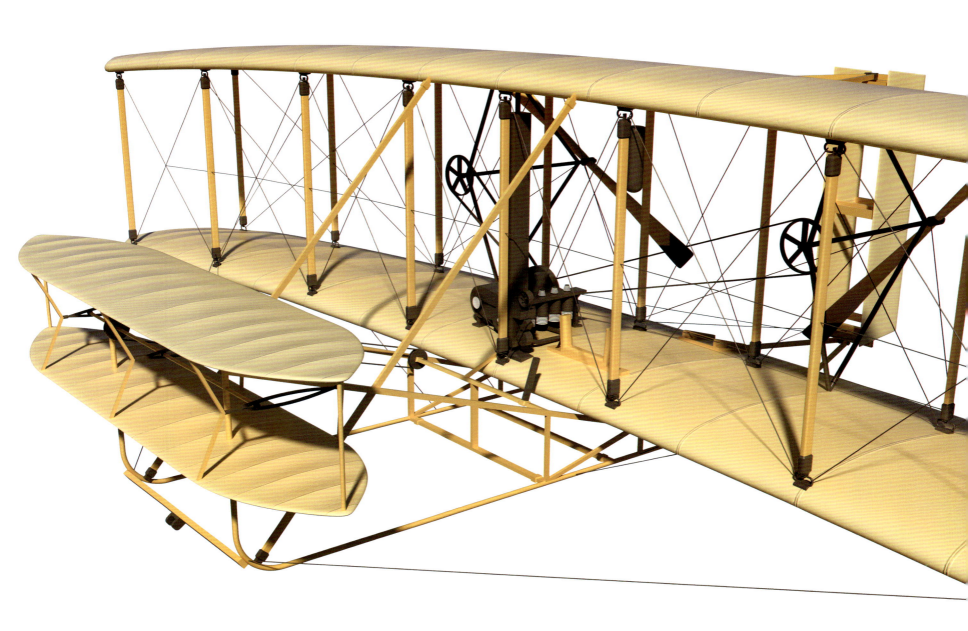

"飞行者一号"局部

螺旋桨之舞

02 寇蒂斯 P-40 "战斧" 战斗机

P-40 战斗机

五代 李煜 《秋莺》

残莺何事不知秋
横过幽林尚独游
老舌百般倾耳听
深黄一点入烟流

P-40 战斗机

P-40"战斧"单座单发活塞式战斗机，由美国寇蒂斯公司研制。

P-40 战斗机由寇蒂斯 - 莱特公司（Curtiss-Wright）以该公司设计生产的 P-36 战斗机机体为蓝本，搭配上艾利逊发动机公司研制的 V-1710-19 液冷式发动机结合而成的战斗机。就性能而言，P-40 与 1940 年代初的轴心国战机性能相较显得平庸，然而它生得及时，成为 1941 年美国正式参战时唯一已经进入量产阶段的单座战斗机。因此本机除了美军自用外，也大量军援给各同盟国使用，成为二战初盟军奋战的象征性机种。直至 1944 年 11 月 P-40 停产，总共生产了 13738 架，在美国战斗机生产记录中排名第 3，所有的 P-40 都在纽约州水牛城（布法罗）工厂生产。

P-40 飞机虽然在当时的同类战斗机性能对比中显得并不突出，但因其生产时间较早，美国陆军航空队装备也较早，在第二次世界大战初期成为诸多反法西斯同盟国所使用的主力战机，尤其在早期的太平洋战场和欧洲战场与轴心国作战中做出了巨大贡献。

P-40（E 型）战斗机参数

乘员	1 人
机长	9.66 米
翼展	11.38 米
机高	3.76 米
翼面积	21.92 平方米
空重	2880 千克
最大起飞重量	4000 千克
最大速度	547 千米 / 时
巡航速度	435 千米 / 时
航程	1100 千米
升限	8840 米
翼载荷	171.5 千克 / 米 ^{2}
武器	早期 Hawk 81 系为机头两挺勃朗宁 M2 重机枪（12.7 毫米口径），再加左右机翼各 1~2 挺勃朗宁 M1919 机枪（7.62 毫米口径） 后期 Hawk 87 系多改为左右机翼各三挺，共计六挺勃朗宁 M2 重机枪。但也有拆除部分机枪以求提升性能的改装型

P-40 战斗机外观图

螺旋桨之舞

03 SBD "无畏"俯冲轰炸机

SBD 俯冲轰炸机

> 酒酣胸胆尚开张
> 鬓微霜
> 又何妨
> 持节云中
> 何日遣冯唐
> 会挽雕弓如满月
> 西北望
> 射天狼
>
> ——宋 苏轼《江城子·密州出猎》

SBD"无畏"俯冲轰炸机是美国道格拉斯公司研制的双座单发舰载俯冲轰炸机，与格鲁曼 F-4F 野猫战斗机及 TBD 鱼雷轰炸机为第二次世界大战前期美国三大主力舰载机。

"无畏"轰炸机最初设计的时间约在 1932 年，当时叫作诺斯罗普 BT 攻击机，而当时的诺斯罗普公司还是道格拉斯飞机公司旗下的子公司。诺斯罗普 BT-1 设计是由约翰·诺斯罗普与艾德·海茵曼一同合作设计的下单翼、全金属舰载俯冲轰炸机，诞生于美国海军 1934 年提出最新舰载侦察轰炸机规格需求之际。当时的美国海军希望新的侦察轰炸机与舰载轰炸机均需以全金属结构制造、全收纳起落架设计，侦察轰炸机机体起飞总重不超过 2268 千克的同时具有 226 千克载荷。如果是舰载轰炸机则放宽到 2722 千克起飞重量、455 千克载荷。同时新飞机还需要有可承担大过载状态的俯冲用减速板。除了重量限制，为了符合航舰操作标准还提出了低速操作的要求。美国军方希望飞机可在 25 节逆风条件下起飞，最低失速速度不得高于 111 千米 / 时。

1941 年 12 月 7 日日军偷袭珍珠港之际，美国海军编制里有 584 架 SBD-3，美军的"萨拉托加"号、"列克星敦"号、"约克城"号及"企业"号等航空母舰上至少都搭载了一支 SBD 舰载轰炸机中队、一支 SBD 侦察轰炸机中队，每中队编制 18 架战机。同时美国海军陆战队也已有完整中队换装，因此在珍珠港事件时有不少 SBD 飞机在地面上遭日军摧毁。

1942 年 5 月珊瑚海战役，SBD 飞机中队立下显赫战功。该役击沉了日本"祥凤"号航空母舰，击伤了"翔鹤"号航空母舰，阻止了日本海军在新几内亚海域扩张的企图。在 1942 年 6 月的中途岛海战中，SBD 创下空前战绩，6 分钟内击沉了日本引以为傲的海上主力："赤城"号、"加贺"号、"苍龙"号，后续攻击重创了"飞龙"号（次日沉没），共计四艘航空母舰。至 1944 年，由于后继机种 SB2C 俯冲轰炸机的服役，SBD 才慢慢退居第二线。事实上在美军对日开战后的一年内，SBD"无畏"俯冲轰炸机击沉的日军船舰总吨位占日本海军开战前吨位的 30%。

1944 年 SBD"无畏"俯冲轰炸机也加入了英国皇家海军的行列，在北海对抗轴心国的 U 型潜艇，同时 SBD 也以 A-24 之名加入美国陆军航空队，在地中海战场上打击轴心国的装甲部队。

这是一款战绩异常突出的优秀战机，为盟军战胜轴心国军队立下汗马功劳。

SBD 俯冲轰炸机

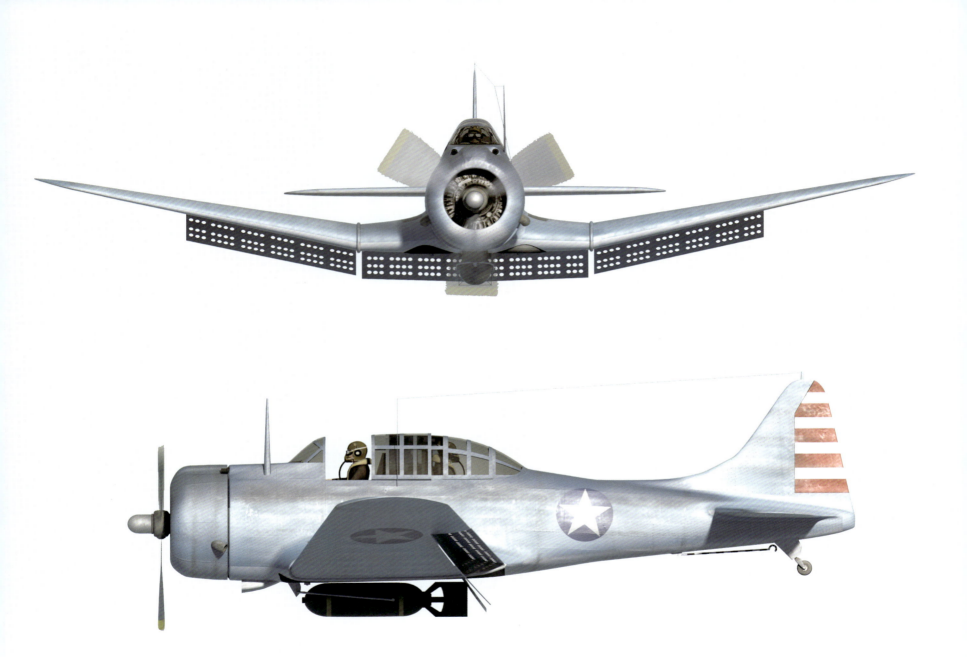

SBD 俯冲轰炸机外观图

SBD 俯冲轰炸机参数

乘员	2 人
机长	9.96 米
翼展	12.66 米
机高	4.14 米
空重	2878 千克
最大起飞重量	4717 千克
动力	1 台莱特 R-1820-52 型旋风发动机
最大速度	407 千米/时
最大航程	2165 千米
升限	8260 米
武器	2 挺勃朗宁 M2 型机枪，2 挺勃朗宁 M1919 型机枪及航空炸弹

苍穹劲舞
世界著名战斗机 CG 图册

喷气时代

01 米格-17 "壁画"战斗机

米格-17战斗机战斗场景

唐 刘禹锡《酬乐天咏老见示》

人谁不顾老
老去有谁怜
身瘦带频减
发稀冠自偏
废书缘惜眼
多灸为随年
经事还谙事
阅人如阅川
细思皆幸矣
下此便翛然
莫道桑榆晚
为霞尚满天

苏制米格-17喷气式战斗机，苏联米高扬设计局研制，1950年1月首飞。

该机为单座单发中单后掠翼布局，北约代号：壁画。

米格-17由苏制米格-15比斯升级发展而来，总制造数量一万余架。米格-17战斗机飞行性能优秀，其为米格-15和米格-19之间的过渡机型。虽产量较多，但由于当时各国航空科技发展速度较快，因更新式超声速战斗机迅速装备部队，遂被加速淘汰。

米格-17 战斗机外观图

米格-17 战斗机参数（改型不同参数略有差异）	
乘员	1 人
长度	11.264 米
翼展	9.628 米
高度	3.8 米
翼面积	22.6 平方米
空重	3919 千克
最大起飞重量	6069 千克
动力	1 台 VK-1F 加力涡轮喷气发动机
最高速度	1100 千米/时
航程	2020 千米
升限	16600 米
过载	8
爬升速度	65 米/秒
翼载荷	268.5 千克/米^2
推重比	0.63
武器	机炮：• 2 门 23 毫米口径 NR-23 自动航炮（每门备弹 80 发，共 160 发） • 1 门 37 毫米口径 N-37 自动航炮（备弹共 40 发） 火箭：用于 S-5 火箭的 2×UB-16-57 火箭吊舱 炸弹：2 枚 250 千克炸弹

喷气时代

米格-17 战斗机

米格-17与F-86战斗机双机编队

02 米格-19 "农夫"战斗机

米格-19战斗机

唐 柳宗元 《笼鹰词》

凄风淅沥飞严霜
苍鹰上击翻曙光
云披雾裂虹霓断
霹雳掣电捎平冈

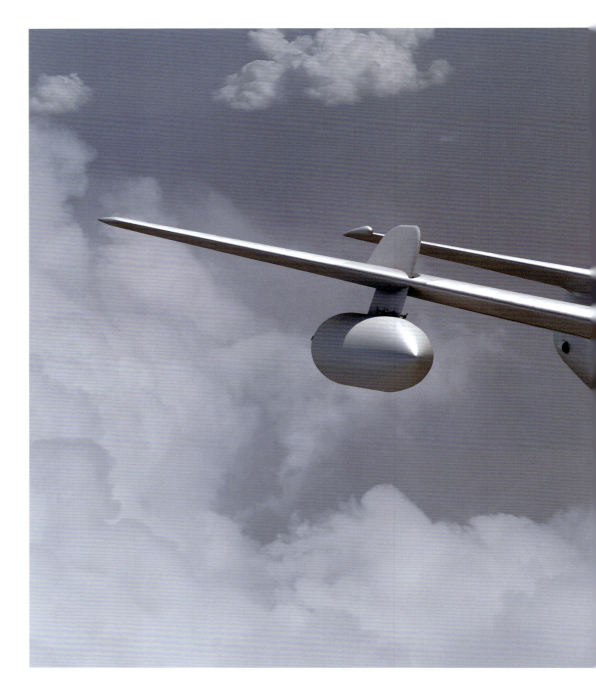

米格-19战斗机，苏联米高扬设计局研制，超声速单座（双座为教练型）双发喷气式战斗机，北约代号：农夫。

米格-19于1953年9月18日首飞，为苏联首款超声速战斗机，20世纪60年代苏联国土防空主力战机。在苏联国土防空作战、越南战争及中东战争中有所表现并大量出口。米格-19战斗机采用头部进气设计，改进型在进气道上唇部装有简易雷达，或在进气口内有整流锥。机身蒙皮材质为铝质，尾喷口附近使用少量钢材。其翼展9.2米，采用后掠翼设计，机翼前缘后掠角58°，在离翼尖约1/4处变为55°，两翼上各有一具翼刀，高32厘米。

米格-19为苏联首款超声速战斗机，最大速度可达马赫数1.3。不过因当时航空器科技发展速度很快，其后继机型米格-21的出现也导致米格-19产量不高，快速被后继机型替换。

米格-19 战斗机

巴基斯坦空军米格-19战斗机衍生型号

米格-19战斗机参数（改型不同参数略有差异）	
乘员	1 人
机长	12.5 米
翼展	9.2 米
高度	3.9 米
翼面积	25 平方米
空重	5447 千克
最大起飞重量	8832 千克
最大飞行速度	1455 千米/时
升限	17500 米
航程	1400 千米
作战半径	685 千米
爬升速度	180 米/秒
翼载荷	353.3 千克/米^2
推重比	0.74
发动机	2 台 RD-9B 涡轮喷气发动机
机炮	3 门 NR-30 型 30 毫米口径机炮，机翼机炮每门载弹 75 发，机首机炮载弹 55 发

米格-19战斗机外观图

喷气时代

03 米格-21"鱼窝"战斗机

米格-21 战斗机

唐 王之涣 《登鹳雀楼》

白日依山尽
黄河入海流
欲穷千里目
更上一层楼

苏联米格-21系列战斗机，战斗机中的"常青树"，由苏联米高扬设计局研制的超声速三角翼轻型战斗机。北约代号：鱼窝。产量：约11496架。

米格-21于1953年开始设计，1955年原型机试飞，1958年开始装备苏军。直到2018年后，米格-21及其衍生型号仍在全球15个国家中服役。

米格-21在设计之初为了追求高空高速的技术战术指标，采用比较容易达到高速性能的三角形机翼设计。这种设计可有效减少超声速飞行时的阻力，但低速时升力相比水平机翼要小。所以飞机在起飞和降落阶段速度很快，安全性不佳。虽然米高扬设计局的工程师们使用更大的钝形前缘，不过米格-21没有使用前缘机动襟翼，低速性能没有得到有效提升。

米格-21型系列战斗机机身小巧灵活，机动性强，垂直机动性较高，飞行速度快，结构简单易于维护。但驾驶舱视野较差，所搭载的航空电子设备水平比较落后，导弹瞄准视角很窄且射程很短。该机没有前缘机动襟翼，简单粗暴加装了翼刀用以分流气流，不至于翼尖失速。其起飞降落性能差，且起降速度过快。飞机制造工艺较粗糙，零件互换率低。由于机身小巧，也受限于机身所携带燃油少，航程较短，留空时间短，作战半径较低，加速时间亦不长。"腿短"也是轻型战斗机的通病。米格-21因为"腿短"的特征还被起了一个很贴切的外号：机场保卫者。

虽然米格-21产量惊人、价格低廉，但还是以苏联老旧作战思想为指导，前线战斗机以量敌质，这就必然造成战时会有大量的飞行人员损失。此型战斗机较适合大国空军联合作战，有完整作战体系的联合兵种大规模推进，给重型高性能战斗机"打下手"，为陆军装甲部队的推进起到空中保护作用，不太适宜小国空军拿此型战机当作主力战斗机使用。但事实却恰恰相反，小国空军因军费有限买不起多用途重型战斗机，反而这种苏联的"消耗品"在国际军火市场中非常受欢迎。价格低廉、维护简便、可靠性高是米格-21大受欢迎的原因。

米格-21 战斗机

民主德国空军米格-21战斗机

喷气时代   043

米格-21 战斗机参数（改型不同参数略有差异）

乘员	1 人
机长	（不含空速管）14.1 米
翼展	7.15 米
高度	4.13 米
翼面积	22.95 平方米
空重	5895 千克
发动机	1 台 R25-300 涡喷发动机（型号不同，发动机有差别）
最大速度	马赫数 2.05（2230 千米/时）
最大航程	1225 千米（未使用副油箱）
作战半径	270~350 千米（前后期型号不同）
升限	17800 米
爬升速度	225 米/秒
推重比	0.76（型号不同有上下浮动）
武器	机炮	1 门 GSh-23 23 毫米口径双管机炮，载弹 200 发
	火箭弹	• S-5 航空火箭弹 • S-8 航空火箭弹 • S-13 航空火箭弹 • S-24 航空火箭弹
	导弹	• R-3/R-13 "环礁"短距红外线导引空对空导弹 • R-23/24 "尖顶"中程空对空导弹 • R-60 "蚜虫"短距红外线导引空对空导弹
	后期改进型号可挂载	• R-27 中程空对空导弹 • R-73 短距空对空导弹 • R-77 中程空对空导弹等
	炸弹	两个腹部、两个翼下、两个翼尖挂点，可携带 3000 千克总外挂及不同种类航空炸弹

米格-21 战斗机外观图

04 F-86"佩刀"战斗机

F-86 战斗机

清 龚自珍《漫感》

绝域从军计惘然
东南幽恨满词笺
一箫一剑平生意
负尽狂名十五年

F-86 战斗机

F-86 "佩刀" 是第二次世界大战后美国北美航空公司设计的第一代喷气式战斗机，主要用于空战、拦截与轰炸。

F-86 "佩刀" 于 1947 年 10 月 1 日首飞，1949 年服役。F-86 也是第一型在俯冲时能够超声速以及世界上第一型装备空对空导弹的战斗机。它的家族后来衍生出 F-100 超级佩刀（Super Sabre，或称为佩刀 45）战斗轰炸机，是第一型能在平飞状况下达到声速执行作战任务的战斗机。"佩刀" 式战机在美国生产的时间是 1949 年至 1956 年，期间，除自用外，也曾大量军援美国相关盟国。1956 年，北美公司停产 "佩刀" 式后，美国以授权生产方式继续让 "佩刀" 战斗机生产线在盟友国家延续至 20 世纪 50 年代末期。

F-86 "佩刀" 总产量达到 9860 架，接近万架。

喷气时代 049

F-86 战斗机参数（改型不同参数略有差异）

乘员	1 人
长度	11.4 米
翼展	11.3 米
高度	4.3 米
翼面积	29.11 平方米
空重	4582 千克
正常起飞重量	6300 千克
最大起飞重量	8234 千克
发动机	1 台通用电气 J-47 涡轮喷气发动机
最大速度	1106 千米 / 时
爬升速度	45 米 / 秒
升限	15100 米
最大航程	2454 千米
作战半径	667 千米
推重比	0.42
武器	机枪	6 挺勃朗宁 M2 12.7 毫米口径重机枪
	火箭	8 枚 127 毫米航空火箭弹
	炸弹	900 千克不同种类航空炸弹

F-86 战斗机外观图

05 F-104 "星"战斗机

F-104 战斗机

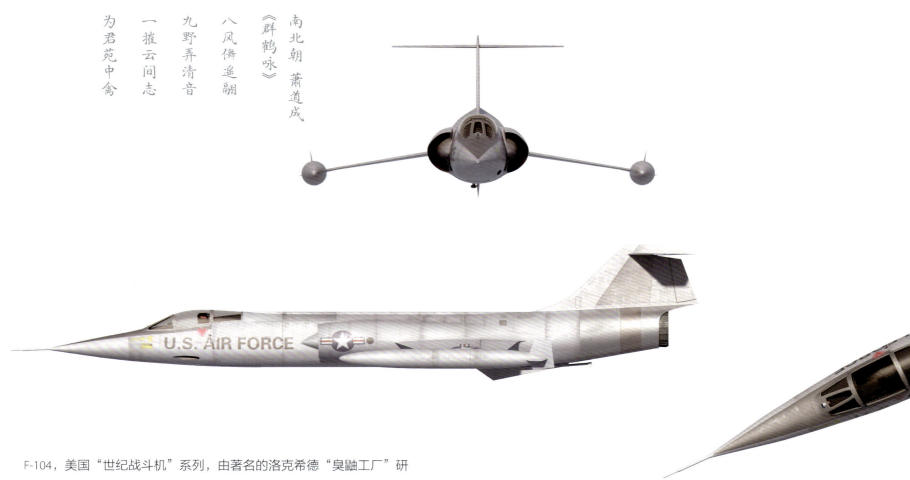

南北朝 萧道成
《群鹤咏》
八风儛遥翮
九野弄清音
一摧云间志
为君苑中禽

F-104，美国"世纪战斗机"系列，由著名的洛克希德"臭鼬工厂"研制，世界上首型两倍声速战斗机。"臭鼬工厂"，这个名字很多人不会陌生，这就是美国航空传奇诞生地。著名的 F-117、U-2、SR-71 等先进飞机都出自此。F-104 正是由著名飞机大师，"臭鼬工厂"领导者凯利·约翰逊设计。可以说也是师出名门，身份显赫。

F-104 战斗机的总体设计思想为轻便、灵活、高速，与米格-21 趋同，专为空战设计制造。F-104 为世界上首型两倍声速的战斗机，尤其跨声速性能突出。为了满足超声速设计需求，F-104 使用了又直又薄且中置于机身的梯形翼，后掠角仅 26°。机翼使用极小的相对厚度以及仅有 2.45 展弦比的设计，以减低飞行阻力。为了保证机翼既轻薄又要具备足够的结构强度，其材质是由实心钢板铣削而成。F-104 的机翼前缘厚度仅有 0.16 英寸（0.41 毫米）。由于其机翼前缘既薄且锐利，很容易造成地勤机务人员被割伤，因此落地保养时会在机翼套上设保护罩避免人员受伤。F-104 超薄的"刀片"机翼设计也被广大军事迷和航空爱好者们津津乐道。

F-104 战斗机外观图

首飞：1954 年 2 月 7 日
服役：1958 年 1 月 26 日
退役：2004 年意大利空军的 F-104S 退役，结束其 46 年服役期限。
产量：约 2578 架

F-104 战斗机参数（改型不同参数略有差异）		
乘员	1 人	
长度	16.66 米	
翼展	6.63 米	
高度	4.11 米	
翼面积	18.22 平方米	
空重	6350 千克	
最大起飞重量	13166 千克	
发动机	1 台通用电气 J79 涡喷发动机	
推力	单台净推力 44 千牛 单台最大后燃推力 69 千牛	
性能数据	最大速度	马赫数 2.2（2336 千米/时）
	爬升速度	240 米/秒
	升限	15000 米
	最大航程	2620 千米
	作战半径	680 千米
	翼负荷	510 千克/米^2
	推重比	0.54（型号不同有上下浮动）
武器	机炮	1 门 20 毫米口径 M61 "火神" 机炮，备弹 725 发
	导弹	AIM-9 "响尾蛇" 导弹
	炸弹	7 个机身外挂点，可挂载 1800 千克不同种类航空炸弹

喷气时代

F-104 战斗机

喷气时代

苍穹劲舞
世界著名战斗机 CG 图册

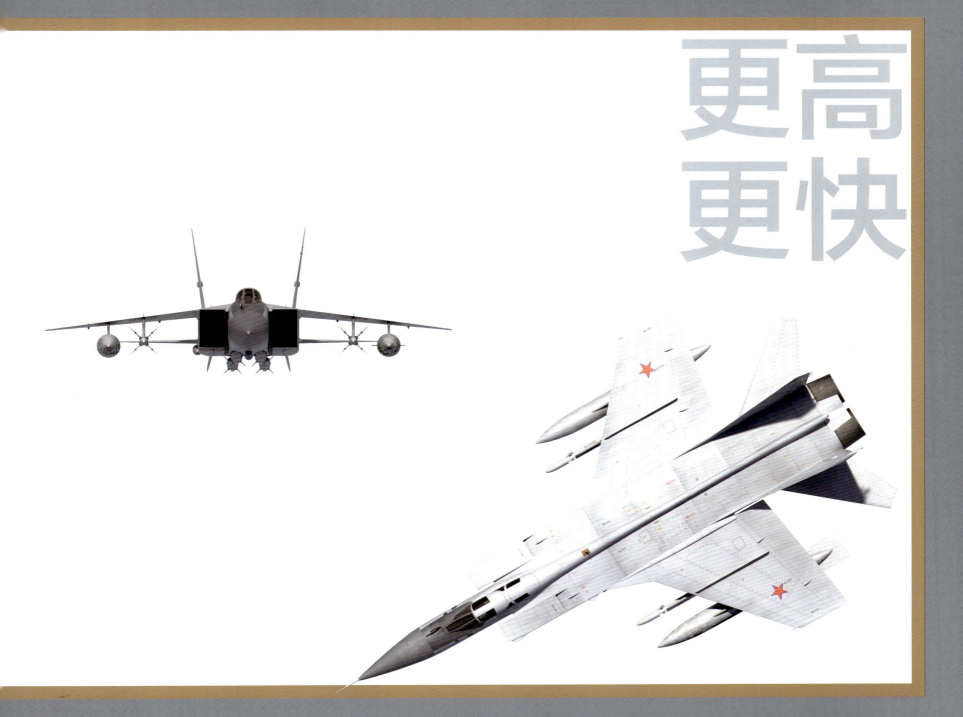

01 米格-31 "捕狐犬"截击机

米格-31 截击机

宋 郑思肖 《寒菊》

花开不并百花丛
独立疏篱趣未穷
宁可枝头抱香死
何曾吹落北风中

米格-31，苏联米高扬设计局在米格-25截击机基础上研制的超声速截击机。北约代号：捕狐犬。

1975年9月16日首飞，1982年开始服役，总产量500余架。米格-31为双发双垂尾两侧进气超声速双座全天候截击机。直到今天，俄罗斯还在对其进行升级改装。

米格-31系列于1979年量产，1982年开始服役于苏联国土防空军。米格-31可以执行多种长程任务。苏联解体后，1996年时只有约20%数量的米格-31尚可以使用。后期随着俄罗斯经济的逐渐好转，俄军已经可以维持约75%数量的米格-31处于可使用状态。

目前还有大约370架米格-31在俄罗斯服役，另有30架在哈萨克斯坦。许多米格-31经过升级，例如米格-31BM升级了新的多模式雷达、手不离杆控制器、液晶彩色显示器、新型计算机和软件。2010年8月，俄罗斯将现役的米格-31全部升级到米格-31BM的标准，并且增加携带AS-17反辐射导弹的能力。

米格-31是著名的米格-25的改进型号，其最大升限达到24000米，最高速度更是能够以接近三倍声速的速度飞行，强悍的飞行性能令人瞩目。

米格-31截击机

米格-31 截击机

米格-31 截击机参数（改型不同参数略有差异）

乘员	2 人
长度	22.69 米（含空速管）
翼展	13.46 米
高度	6.15 米
翼面积	61.6 平方米
空重	21800 千克
正常起飞重量	41000 千克
最大起飞重量	46200 千克
发动机	两台 D30-F6 涡扇发动机
最大速度	马赫数 2.83
巡航速度	马赫数 1.21
爬升速度	海平面：330 米/秒
升限	24000 米
最大航程	3300 千米
推重比	0.33
武器	• 1 门 23 毫米口径 GSh-6-23 型六管机炮，备弹 800 发 • 各式航空火箭弹、空对空导弹及反辐射导弹等

米格-31 截击机外观图

更高更快

02 SR-71 "黑鸟"战略侦察机

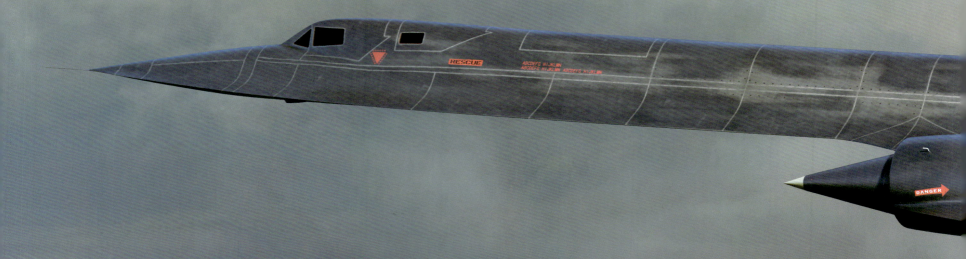

SR-71 战略侦察机

唐 杜荀鹤《小松》

自小刺头深草里
而今渐觉出蓬蒿
时人不识凌云木
直待凌云始道高

SR-71"黑鸟"是美国空军使用的一款三倍声速战略侦察机。

以洛克希德公司的 A-12 为基础，同系列的另一款机型是 YF-12 截击机。SR-71 是由美国军火工业的传奇人物凯利·约翰逊所领导的"臭鼬工厂"操刀设计，该工厂同样也设计了 P-38 闪电式战斗机及 U-2 侦察机等知名的军机。随着 U-2 在苏联领空被击落，这款原本机密的亚声速侦察机知名度大增，时任美国总统中止了 U-2 飞越苏联领空的行动，同时施压中央情报局和洛克希德公司要其承诺做到曾向总统保证的苏联雷达"看不见"这架飞机。经"彩虹"项目证明，U-2 的改进并不成功，研究人员最终决定，全新开发一种 U-2 的替代品以超高速来弥补隐身性能的不足。该项目最初被称为"牛车"（洛克希德公司原希望命名为"天使"），先由中央情报局参与，后由美国空军接手。实际这款原本为取代 U-2 深入苏联领空而专门开发的超声速侦察机，在其服役 32 年期间从未进入苏联领空，而 U-2 仍持续服役迄今。

1960 年 2 月 11 日，美国中央情报局与洛克希德公司签署了研发和制造 13 架 A-12 "牛车"（含 1 架阶梯双座型教练机）的合同，1962 年又订购了 2 架 M-21 无人机载机。20 世纪 60 年代后期，美国空军亦与洛克希德公司签署协议以 A-12 为设计基础制造 3 架 YF-12 截击机用于测试，之后美国空军取消 YF-12 截击机发展计划。1963 年 2 月 18 日，美国空军又向洛克希德公司订购了 6 架双座的 R-12，后更名为 SR-71 并表示续订，最终订购了 32 架（含 2 架 SR-71B 阶梯双座教练机，因 1 架坠毁，又增定 1 架 SR-71C，即由 YF-12 改装而来的等阶双座教练机），这些早期的 SR-71 被称为"大蛇"，本质上是单座 A-12 的双座版本。1964 年 12 月 22 日，SR-71A 原型机首飞。1966 年 1 月 7 日，首架 SR-71B 双座教练侦察机交付给 1965 年成立的美国空军第 4200 战略侦察联队。

A-12/SR-71 上使用了大量当时的先进技术，如半冲压发动机，钛合金机体，低可侦测性设计，A-12/SR-71 是美国第一代低雷达反射截面积飞机。虽然这些当时尚未成熟的新技术给早期A-12/SR-71带来诸多麻烦,造成38%的坠机事故。经大幅改良的SR-71"黑鸟"仍因此被困扰多年:如燃料泄漏和发动机易熄火等问题,作战任务操作不便,也由于时代科技水平限制无法在雷达面前隐身。但其于20世纪60年代中期率先达到同时代领先的高速,能以马赫数3的速度摆脱敌机与防空导弹的追击。

由于卫星技术的发展,后来需冒险深入敌国侦测的任务不多,故此进入20世纪80年代该机已很少使用。A-12/SR-71至今保持服役期间未被击落的历史纪录。

SR-71"黑鸟"战略侦察机是一款传奇飞机,其独特的外形,超高的飞行速度,超越时代的变循环发动机等特点让人印象极为深刻。

SR-71 战略侦察机外观图

SR-71 战略侦察机参数（改型不同参数略有差异）	
乘员	1 人或 2 人
首飞	1964 年 12 月 22 日
服役	1966 年
退役	1998 年
设计	凯利·约翰逊
生产	臭鼬工厂（洛克希德）
产量	32 架
长度	32.74 米
翼展	16.94 米
高度	5.64 米
翼面积	170 平方米
空重	30600 千克
最大起飞重量	78000 千克
发动机	2 台普惠 J58-1 型变循环冲压/涡轮喷气发动机
最大速度	马赫数 3.32（3525 千米/时于高度 24285 米）
爬升速度	≥ 60 米/秒
实用升限	24285 米
最大升限	25900 米
最大航程	5400 千米
翼载荷	460 千克/米^2
推重比	0.382

SR-71 战略侦察机

苍穹劲舞

世界著名战斗机 CG 图册

制空

01 "幻影"2000 战斗机

"幻影" 2000 战斗机

唐　王建
《寄蜀中薛涛校书》
万里桥边女校书
枇杷花里闭门居
扫眉才子知多少
管领春风总不如

1974 年，美国 F-16 横空出世。F-16 具有航程长，体型小，机动性强，航电设备先进等诸多优点。F-16 的出现使新一代战斗机的格局发生重大改变，法国人坐不住了。很快，法国新一代战斗机设计方案出台，这就是"幻影"2000。"幻影"系列战机多数采用无尾三角翼布局，优点是瞬间盘旋性能突出，这一优势可使战机快速改变机头方向，精准瞄准对手，先敌发现，先敌开火，获得战场优势。而有一利必有一弊，瞬间盘旋角度的提升也使得自身飞行速度降低，且持续转弯能力不强。虽然"幻影"2000 瞬时盘旋能力达到了 30 度每秒，不过因为该机推重比较低，大迎角状态下阻力相应变大，所以持续水平机动能力也自然很差。

上述优缺点的形成与当时时代背景有着紧密联系，在那个东西方两大阵营剑拔弩张，冷战阴云笼罩下的欧洲，如何防止苏联大量的轰炸机、攻击机突破欧洲防卫圈才是欧洲各国空军战略思维和设计方向的重中之重。"幻影"系列战斗机，包括"幻影"Ⅲ都着重于强调高空高速性能，旨在快速对敌高空轰炸机给予致命一击从而保卫己方战略目标。外形修改不大的"幻影"2000 自然也将这些特性继承下来。

1978 年 3 月 10 日，"幻影"2000 首飞成功。1984 年，"幻影"2000C 服役。"幻影"2000 延续着达索一贯的设计风格，无尾三角翼，简洁大方精致。

"幻影"2000 战斗机外观图

"幻影"2000战斗机参数（改型不同参数略有差异）

乘员	1人或2人
长度	14.36 米
翼展	9.13 米
高度	5.20 米
翼面积	41 平方米
空重	7500 千克
正常起飞重量	13800 千克
最大起飞重量	17000 千克
发动机	一台史奈克玛 M53-P2 涡扇发动机
最大速度	马赫数 2.2（2695 千米/时）
爬升速度	285 米/秒
升限	17060 米
最大航程	1550 千米
推重比	0.7
武器	机炮	2 门 DEFA 554 型 30 毫米口径空用机炮，单门备弹 125 发
	火箭	2 具 Matra JL-100 火箭弹舱，每具最多可携带 18 枚 68 毫米火箭弹 SNEB 航空火箭弹
	导弹	• R550"魔术"空对空导弹 • 超级 530D 空对空导弹 • MBDA MICA IR/RF 中/短距空对空导弹 • AM-39"飞鱼"反舰导弹 • AS-30 短距空对地导弹 • ASMP 导弹（采用核战斗部，专门装备于"幻影"2000N）
	炸弹	• 挂载点 9 个（4 个于机翼下，5 个于机身），共载重 6300 千克 • BL5 系列通用炸弹 • Mk80 系列低阻通用炸弹 • AN-52 战术核弹

"幻影"2000 战斗机

02 米格-29"支点"战斗机

米格-29 战斗机

"雨燕"飞行表演队米格-29战斗机

> 明 杨慎《临江仙·滚滚长江东逝水》
> 白发渔樵江渚上
> 惯看秋月春风
> 一壶浊酒喜相逢
> 古今多少事
> 都付笑谈中

"机场保卫者""第聂伯河之燕"联盟忠诚的守卫者，轻巧如燕，敏捷似鹰，外形流畅的空战高手。南联盟夜空中的烟花，伊拉克沙漠中的独狼，范堡罗航展上"尾冲"也掩盖不掉的浓烟。褒贬不一毁誉参半，这就是苏联经典战斗机：米格-29，北约代号：支点。

1977年10月6日，米高扬设计局的米格-29原型机首飞成功。几年的定型试飞之后，1982年米格-29正式装备部队。一代名机，振翅高飞。

众所周知米格-29战斗机的研制时间处于东西方冷战期间，当时美国已经出现了F-15和F-16两型战斗机轻重搭配的概念和作战方式。苏联空军要想维持空军部队的规模就需要一定数量的战机，大家都知道重型机苏-27更好，但是经费毕竟有限，苏-27造价高昂使得装备数量不会非常多。为了维持一定数量的机群，就需要一种造价相对低廉且性能足够的机型来支撑。重型远程战斗机有航程优势，可拦截敌方战略轰炸机等作战飞机，短距轻型飞机对于敌方的"漏网之鱼"进行打击，保持数量优势支援地面行动。如果全部采购苏-27这种高档机那么势必数量很少，作战时难免捉襟见肘。米格-29这种"打下手"的轻型前线战斗机就此应运而生了。一型飞机的性能是与作战任务使命相关的，这就是轻重搭配的概念。所以米格-29即使存在这样那样的不足，但能满足部队需要就是好飞机。不过米格-29的"廉价"是相对于重型苏-27来说的，米格-29目前市场价格在4000万美元一架，价格也不低。

现在的米格-29战斗机已经成系列化家族化，改型颇多，甚至有海军航空兵的舰载版。俄罗斯"雨燕"飞行表演队也使用米格-29飞机，这也说明此款飞机的性能相当优秀。米格-29也是苏联（俄罗斯）的畅销机型，国际军购市场表现良好，服役数量巨大，深受许多国家空军欢迎。

米格-29 战斗机参数（改型不同参数略有差异）

乘员	1 人或 2 人
长度	17.32 米
翼展	11.36 米
高度	4.73 米
翼面积	35.2 平方米（后期改进型号翼面积略有变化）
空重	11000 千克
最大起飞重量	20000 千克
燃油容量	3500 千克
动力装置	2 台克里莫夫 RD-33 涡扇发动机
最大速度	马赫数 2.25（2400 千米/时）
航程	1500 千米
升限	18000 米
过载	9
爬升速度	330 米/秒
机翼载荷	403 千克/米^2
推重比	1.09
武器	航炮	1 门 30 毫米口径 GSh-301 自动加农炮，备弹 150 发
	挂载点	7 个挂载点（6 个机翼下，1 个机身中线）
	火箭弹	• S-5 航空火箭弹 • S-8 航空火箭弹 • S-24 航空火箭弹
	导弹	• R-60 短距空对空导弹 • R-27 中程空对空导弹 • R-73 短距空对空导弹 • R-77 中程空对空导弹（仅限米格-29S、米格-29M/M2 和米格-29K）
	炸弹	6 枚 665 千克航空炸弹

米格-29 战斗机外观图

米格-29 战斗机

03 苏-27
"侧卫"战斗机

苏-27 战斗机

东晋 陶渊明《读山海经十三首·其十》

精卫衔微木
将以填沧海
刑天舞干戚
猛志固常在
同物既无虑
化去不复悔
徒设在昔心
良辰讵可待

苏-27，苏联苏霍伊设计局研制，单座（双座为教练型）双发双垂尾重型战斗机，北约代号：侧卫。

1970年年初，苏联新型远景歼击机（苏联及我国早期翻译专职制空任务的战斗机为歼击机）战术技术任务书制订完成并送达苏联空军审阅。

1971年年初，苏联军事工业委员会做出决定，所有从事歼击机设计的设计局都要参与到新型远景歼击机计划中来。当时主要为三家：米高扬设计局、雅克（雅克夫列夫）设计局、苏霍伊设计局。

1970年2月苏霍伊设计局内正式启动公开代号T-10的歼击机计划，意为苏霍伊设计局第10款三角翼飞机，并将其命名为苏-27。因1975年苏霍伊去世，1976年2月正式任命米哈伊尔·彼得洛维奇·西蒙诺夫为苏-27型号总设计师。

1977年5月20日，由英雄试飞员弗拉基米尔·伊留申驾驶的苏-27原型机T-10-1首飞成功。

首飞成功的喜悦还未退去，一系列棘手的问题摆在苏霍伊设计局的工程师桌面。飞机严重抖动，航电设备超重，甚至飞机气动布局存在巨大缺陷。

目前状态的苏-27能否对抗美国的F-15？型号总设计师西蒙诺夫并没有把握，实际测试的数据也显示当时的苏-27性能差强人意，没有达到预计水平。花费了大量时间、精力甚至金钱代价所制造出的飞机没有实现预期目标，这个结果是无论如何无法向军方交差的，苏-27修改设计势在必行。对于修改原始设计，苏霍伊设计局内部意见并不统一，元老派们认为在现在的基础上进行部分改进就可以，但西蒙诺夫坚持认为需要彻底改变现有设计方案推倒重来。1978年年初，苏联航空工业部部长卡扎科夫发布命令，要求苏霍伊设计局根据中央空气流体动力研究院的建议重新设计机翼。决定以米格-29飞机气动布局研制经验为基础，开始苏-27飞机的重新设计工作。

苏-27飞机布局更改方案形成于1977年11月至1978年1月，方案布局名称为T-10-13，意为第13套设计方案。1977年12月得到正式名称：

T-10S。

苏-27作为苏联跨时代的重型战斗机,对于苏联航空工业、军工生产、设计乃至世界战斗机格局都产生了深远影响。虽然研制过程中有些许曲折,但无法否认苏-27已经跻身优秀制空战斗机中的第一梯队。

目前苏-27已经成系列化家族化,改进型号繁多,浩如烟海。最新改进型苏-35S于2011年5月3日首飞,可以说为苏-27战斗机家族画上了圆满的句号。从1985年服役至今,苏-27有过不少著名的事例,让世人了解和熟悉了这一型经典战机。其中比较著名的如:"巴伦支海事件"、巴黎航展"眼镜蛇机动"、"俄罗斯勇士"飞行表演队享誉世界、苏-37"超级侧卫"技惊四座的飞行表演等。

苏-27是苏霍伊设计局第一款使用电传操纵系统的重型飞机,按照面积律设计,翼身融合体,双发双垂尾布局。前文我们讲过,苏联新型远景歼击机计划要求新飞机使用双发布局,保证其安全性可靠性,所以米格-29和苏-27虽然重量大小作用都不尽相同,但外形保持高度相似性,

苏-27原型机外观图

这就是设计指导思想的作用。苏-27 流畅的机身与两台 AL-31F 大推力涡扇发动机的动力加持,且强调中低空机动性,可见苏联的思路是摒弃高空高速作战理念,着眼于打赢高技术条件下的空战模式。

苏-27 雷达火控系统原计划安装"剑"式系统,在当时"剑"式这种相控阵雷达非常先进,不过由于苏-27 和米格-29 的雷达火控系统不在一个频率,导致导弹等机载武器的后勤和调试工作无法统一,最后苏霍伊设计局相当于做出了妥协改成了卡塞格伦天线的机载雷达 N001。苏霍伊设计局当然十分清楚 N001 雷达火控系统不如计划中的"剑"式系统,但飞机的设计制造不是一个设计局的问题,是整个国家军队的统筹安排与需要。早期雷达航电设备不过关,这个大帽子不该扣在苏霍伊设计局头上。经后期逐渐改进,苏-27SM 系列也使用了较先进可靠的机载雷达火控系统。

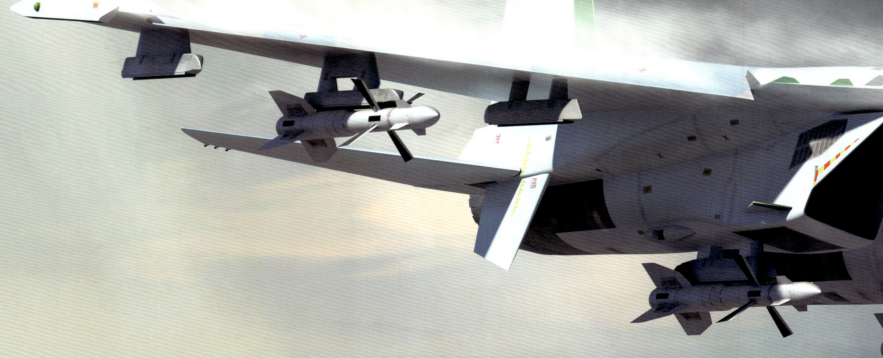

还原"巴伦支海事件"

苏-27 战斗机参数（改型不同参数略有差异）

乘员	1 人或 2 人		
长度	21.9 米		
翼展	14.7 米		
高度	5.92 米		
翼面积	62 平方米		
空重	16380 千克		
最大起飞重量	30450 千克		
燃料容量	9400 千克		
动力装置	2 台 AL-31F 涡扇发动机		
最高速度	马赫数 2.5（2500 千米/时）		
航程	3530 千米		
升限	19000 米		
过载限制	9		
爬升速度	300 米/秒		
机翼载荷	377.9 千克/米^2		
有效载荷	6000 千克		
作战半径	1500 千米		
武器	火炮	1 门 30 毫米口径 GSh-301 自动加农炮，备弹 150 发	
	挂载点	10 个外部挂架	
	火箭弹	• S-8 • S-13 • S-25	
	导弹	• R-27R/ER/T/ET/P/EP 空对空导弹 • R-73E 空对空导弹	
	炸弹	• FAB-500 通用炸弹 • RBK-250 集束炸弹 • RBK-500 集束炸弹	
	航空电子设备	• N001 雷达 • OEPS-27 光电瞄准系统等	

苏-27 改进型外观图

苏-27战斗机招牌表演动作"眼镜蛇机动"

"俄罗斯勇士"飞行表演队

T-10S 原型机

苏-35BM 验证机

04 F-16 "战隼"战斗机

YF-16 验证机

唐王勃《滕王阁序》
千里逢迎
高朋满座
腾蛟起凤
孟学士之词宗
紫电青霜
王将军之武库

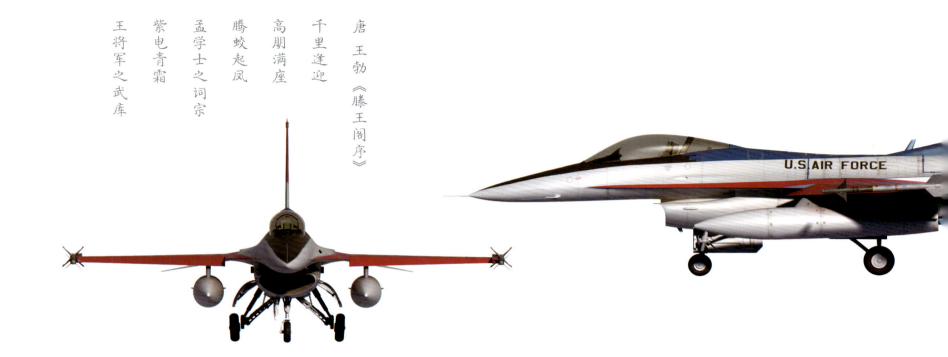

经过 20 世纪 60、70 年代越南战争洗礼的美国海空军已经明确了下一代战机需要优异的中低空格斗能力，摒弃了二代战机高空高速的作战思维，F-X 计划推出了制空能力十分强悍的 F-15 "鹰"式重型战斗机。

以"战斗机黑手党"著称的博伊德上校和他志同道合的同事提出了著名的"能量机动理论"这一创造性的概念，该概念的主要思想是以大推力发动机为主，增加推重比，飞机轻型化等，提高空战中的战斗能力。美国空军在一众人等的说服下提出了 F-XX 计划，这就是 LWF 战机，高低搭配的概念由此形成。

经过与诺斯罗普 YF-17 "眼镜蛇"飞机竞争后，YF-16 脱颖而出赢得了美国空军的青睐，YF-17 经过改进演变成了现今的 F/A-18 "大黄蜂"系列战机。

F-16A/B 等早期型号装备了由西屋电器公司（现被诺斯罗普公司收购）提供的 AN/APG-66 脉冲多普勒雷达，其探测距离最远可达 150 千米，对战斗机大小的目标探测距离为 56 千米。后期改进型号更换了 AN/APG-68 脉冲多普勒雷达，对于 5 米^2 大小的空中目标探测距离高达 105 千米。相较于苏联雷达火控系统普遍下视下射能力不足，AN/APG-68 脉冲多普勒雷达具有良好的下视下射能力，抗干扰能力较好，是一种十分优秀的雷达火控系统。与苏联战机相比，F-16 的"眼睛与大脑"更佳。

F-16 飞行员座椅与机身呈 30 度角，可以有效减轻高过载条件下对于飞行员身体的伤害。几乎无遮挡的无框式气泡座舱也是 F-16 系列战斗机的典型特征。准确发现目标是每个飞行员的执念，虽然现今战斗机已经达到高态势感知高智能化，但对于视野的追求仍然十分强烈，F-16 开创了"全景天窗"这一设计理念。

F-16战斗机外观图

F-16 战斗机参数（改型不同参数略有差异）

乘员	1 人或 2 人		武器	航炮	1 门 20 毫米口径 M61A1 机炮，备弹 511 发
长度	15.06 米			挂点	2 个翼尖空对空导弹发射轨道，6 个翼下和 3 个机身下挂架可挂重量 7700 千克
翼展	9.96 米			导弹 / 空对空导弹	• AIM-9"响尾蛇"短距空对空导弹 • AIM-120 AMRAAM 先进中距空对空导弹
高度	4.9 米			导弹 / 空对地导弹	• AGM-65 • AGM-88 • AGM-158 联合空对地防区外导弹 • AGM-154 联合防区外武器
翼面积	28 平方米				
空重	8573 千克				
最大起飞重量	19187 千克			导弹 / 反舰导弹	• AGM-84 • AGM-119
燃料容量	3200 千克			炸弹	• CBU-87、CBU-89、CBU-97 • Mk82、Mk83、Mk84 • GBU-39 小直径炸弹 • GBU-10、GBU-12、GBU-24、GBU-27 • 联合直接攻击弹药（JDAM） • B61 核弹 • B83 核弹
动力装置	1 台通用电气 F110-GE-129 加力涡轮风扇发动机（用于 Block 50 版本）				
最大速度	马赫数 2.05（2175 千米/时）				
作战半径	制空任务约 900 千米 对地攻击任务，根据任务及挂载不同，400~1000 千米				
航程	4217 千米			其他	• SUU-42A/A 照明弹 / 红外诱饵发射器吊舱和箔条吊舱 • AN/ALQ-131 和 AN/ALQ-184 ECM 吊舱 • AN/ASQ-213 HARM 瞄准系统（HTS）吊舱
升限	18000 米				
过载	9.0				
滚转率	324 度每秒			航空电子设备	• AN/APG-68 雷达 • MIL-STD-1553 总线
翼载荷	431 千克/米^2				

F-16战斗机

以色列空军 F-16C 战斗机

F-16"雷鸟"飞行表演队

05 F-15 "鹰"战斗机

F-15 战斗机领衔的"鹰墙"编队

制空 105

宋 辛弃疾 《永遇乐·京口北固亭怀古》

可堪回首
佛狸祠下
一片神鸦社鼓
凭谁问
廉颇老矣
尚能饭否

F-15C 战斗机

"没有一磅用于对地攻击"（not a pound for air-to-ground）！

这是一架改变空战的著名战斗机，也是被美国人声称具有空中统治地位的战斗机。史无前例 104∶0 的傲人战绩，这就是美国麦道公司设计生产的重型制空战斗机 F-15 "鹰"。

1962 年美国空军开始 F-X（Fighter-Experimental）计划，目的是设计一款完全空中优势重型制空战斗机，1969 年麦道公司中标后开始正式设计工作。1972 年原型机首飞成功，1974 年正式进入美国空军服役。正是因为美国 F-X 计划的顺利展开才催生了苏联新型远景歼击机计划，1977 年 5 月，F-15 一生的对手，苏 -27 原型机首飞成功。

F-15 设计制造的目的是为了取代老旧的 F-4 "鬼怪"式战斗机，F-4 设备陈旧机动性欠佳，升级改造潜力不大。F-15 要求其能够对抗任何一款苏联战机，尤其面对米格 -25 的严重威胁，F-15 不能失败。

不过 F-15 因造价昂贵，无法装备特别多的数量，所以"战斗机黑手党"们搬出"能量机动理论"，又发展出了 F-XX 战斗机计划，

就是轻型战斗机 F-16，在美国空军形成了高低搭配模式。这种新型空军装备理论再一次被苏联借鉴，苏联空军为了抗衡美国空军，新型远景歼击机项目中才保留了米格 -29。可以说苏联正是看到了美国的 F-X 才开始启动苏 -27，知道了 F-XX 才保留米格 -29，亦步亦趋追赶美国。

F-15 战斗机创造性采用了"手不离杆"设计，即飞行员控制按钮集中在节流阀和操纵杆上，所需信息体现在抬头显示器（HUD）上。

F-15 战斗机使用专门为其研制的 AN/APG-63 脉冲多普勒雷达火控系统，该型雷达属于 X 波段全天候多模雷达，下视下射能力比较突出，对于低空目标的捕捉能力较强，多普勒雷达也很难被地面杂波所干扰。近距格斗时雷达自动捕捉目标，计算机将目标信息反映到抬头显示器中，不需要飞行员低头看其余仪器仪表，这种模式在那个年代属于极其尖端的科技产品。

F-15 可携带 AIM-7 "麻雀"中程空空导弹、AIM-9 "响尾蛇"近距格斗空空导弹、AIM-120 先进中程空空导弹。进气道下方外侧可以挂载 AIM-7 和 AIM-120，机翼下的多功能挂架可以挂载 AIM-9 和 AIM-120。而在右侧进气道外侧还有一座 M61A1 火神式机炮。后期改进型号还可实施对地对海攻击，携带各种航空炸弹和导弹，真可谓武装到牙齿。

F-15 战斗机目前没有证据证明在其参与的多次空战中有被击落的记录，而 F-15 的战果是 104 架敌机的击落数量。至于叙利亚宣称 1981 年其米格 -25PD 使用两枚 R-40 导弹击落一架 F-15，无据可考，没有得到证实。

F-15 "鹰"虽然服役时间长达五十年，但至今仍然是美国空军的主力战机。最新改进型号也出口多国，美国空军也在为其进行延寿改装。

F-15 战斗机

F-15 战斗机发射 ASM-135 反卫星导弹

F-15 战斗机参数（改型不同参数略有差异）

乘员	1 人（A/C）或 2 人（B/D/E）
长度	19.43 米
翼展	13.03 米
高度	18.625 米
翼面积	56.5 平方米
空重	12961 千克
内油重	6097 千克
标准空战重量（C 型）	20482 千克 100% 内油，6 枚 AIM-120，2 枚 AIM-9M
最大起飞重量（C/D 型）	31000 千克
动力	F-15C/D 两台 F100-PW-100 或 F100-PW-220 涡扇发动机
速度	马赫数 2.5（3018 千米/时）
航程	C 型：转场航程 5740 千米（满载机内油及携带保形油箱与三个外挂副油箱） 4630 千米（满载机内油及三个外挂副油箱）
作战半径	1965 千米，无空中加油（防空拦截任务）
升限	A/B/C/D 型：19800 米
推重比	1.071（C 型）
翼负荷	357.5 千克/米^2
武器	六个翼下，四个机身外侧，一个机身中线挂点。总外挂可达 7300 千克
	机炮：一座 M61A2 火神 20 毫米口径机炮，弹药 940 发
	导弹： • AIM-7"麻雀"中程空对空导弹 • AIM-120 先进中程空对空导弹 • AIM-9"响尾蛇"近距空对空导弹

F-15 战斗机外观图

苍穹劲舞

世界著名战斗机 CG 图册

海空雄鹰

01 苏-33"海侧卫"舰载战斗机

苏-33 舰载战斗机双机编队

唐 王昌龄《出塞二首》
骝马新跨白玉鞍
战罢沙场月色寒
城头铁鼓声犹震
匣里金刀血未干

1971年6月5日，苏联军委会下达了第138号决议，要求航空工业部几家主要设计局开展舰载机预先研究，并在1972年提交舰载专用飞机和直升机方案，用于驻扎在1160号航空母舰甲板上。涉及的设计局包括别里耶夫水上飞机设计局、卡莫夫直升机设计局、米高扬设计局和苏霍伊设计局。1971年7月，苏霍伊设计局从空军得到第一份顶层文件《关于研制舰载歼击机的战术技术任务书》。随后，1972年2月，设计局又收到三份战术技术任务书，都是关于研制舰载专用飞机的：舰载强击机、舰载侦察和目标指示飞机、重型歼击机。

在这项工作初期阶段，苏霍伊设计局方案室研究了各种可能的布局方案，其中包括许多原创性的方案，有些方案与苏-27飞机原始翼身融合体布局相去甚远。但最后设计局决定，不再进行发散式探索，将该

苏-33舰载战斗机

项目整合，按照用途研制系列舰载机。出于这样的考虑，1972 年年底，设计局发布了整合后的舰载机预先设计方案，总代号为"暴风雪"，其中包括如下设计方案：

- 舰载歼击机苏 -27K（"闪电"-1）。
- 舰载强击机苏 -28K/ 苏 -27SH（"雷暴"）。
- 舰载侦察和目标指示飞机苏 -27KRTS/ 苏 -28 KRTS（"温贝尔"）。
- 重型舰载歼击机苏 -29K（"闪电"-2）。

所有这些飞机方案都以苏 -27 原型机 T-10-3 布局为原型，当时这个布局也是陆基苏 -27 飞机的基本布局。1982 年 5 月，经过漫长又反复修改指标的 1143.5 型航空母舰方案终于确定，这时苏 -27 最新改进型 T-10S（"侧卫"B）都已经首飞一年了。

从 1984 年开始，由 T-10S 飞机改装的苏 -27K 舰载机项目全面正式展开。新舰载机使用 T-10-25 飞机进行重新设计制造，机尾加装尾钩的同时改进襟副翼、增加襟副翼面积并增大偏转角度。1984 年 7 月，T-10-25 飞机

苏 -33 舰载战斗机从"尼特卡"模拟甲板起飞

由试飞员萨多尼科夫首飞成功。

1985 年年底，T-10U-2 双座试验飞机开始替代 T-10-25 飞机继续进行试验。这架飞机按照舰载机标准进行改装，年底首飞，继而投入紧张试飞队伍中。在 1984 年至 1986 年这段时间，T-10-24 飞机加装了前翼，飞行试验结果表明，加装前翼有助于提高飞机起飞降落时的升力，飞机的焦点在前翼，变成了静不稳定布局，代价是增加了重量。本身变成舰载机就要很多改装增加不少的重量，这样一来又增重不少。经过大量飞行测试对比，认为即使增加了一定重量，有前翼的飞机比没有前翼的飞机很多方面飞行特性更好，所以该方案最终确定为舰载机生产布局。

这样，最终布局确定的情况下苏联开始正式生产 T-10K-1 飞机，T-10K-1 飞机又有诸多项改进，比较明显的是增加了空中加油装置，改进了尾椎设计有利于航母着舰。在设计局和工厂全面提速下，1987 年由普加乔夫驾驶 T-10K-1 飞机首飞成功。从另一种角度来说，这也是今后 1143.5 型航母舰载机苏-33 飞机真正的首飞日期，因为 T-10-3 飞机只是前期技术性探索，而定型飞机是以 T-10K-1 为基础。很遗憾，这架有着光荣历史的 T-10K-1 飞机的飞行生涯却很短暂。1988 年 9 月 27 日例行飞行试验中 T-10K-1 飞机不幸坠毁，试飞员萨多尼科夫虽然成功跳伞逃生，但脊椎骨折，从此告别了飞行生涯。

1989 年 11 月 1 日，普加乔夫驾驶 T-10K-2 飞机完成了苏联历史上航空母舰上的首次常规拦阻着舰。此后，普加乔夫在舰上各种气候条件下和夜间多次进行大强度飞行试验，为苏-27K 赢得声誉，也为航空母舰舰载机项目奠定基础。舰载机项目和新型远景歼击机项目还是采用相互竞争的模式，由米高扬设计局的米格-29K 和苏霍伊设计局的苏-27K 一起试验，以评估实际性能。

从 1988 年起，来自军方第 8 研究所的试飞员也逐渐加入到试验中，与设计局试飞员一起利用 T-10U-2 和普通的苏-27 生产型飞机进行试验研究。试飞员利用这些飞机在斜板跑道上进行模拟起飞，或者不改平就直接用光学系统"月光"进行着陆，飞机下滑角达到了 4°，超过原来的 2.5° 至 3°，因此，对起落架强度增加了使用限制条件。从苏-27K 开始试验那一天算起，已经过去了两年多的时间，这期间取得了很大的成功。从 1987 年至 1989 年，苏霍伊设计局在舰载机项目上所完成的总有效起降达到了 1340 个，其中苏-27K 试验机完成了 790 个。陆基飞机也完成了大量试验任务，这些试验证明苏-27K 满足军方提出的战术技术要求，包括作战使用、技术特性和使用维护要求。飞机完全可以转入下一阶段的试验：上舰。

在 1987 年至 1989 年期间，苏霍伊设计局加快了舰载机的研制进度，在舰载机项目的竞争中领先于米高扬设计局。很显然，苏霍伊设计局所完成的工作量明显多于对手，在军方选择舰载机的组成架构时，军方的立场明显有利于苏-27K，超过米格-29K。

苏-27K 飞机载弹量更大，滞空时间更长，飞行品质更好等一系列优点赢得了军方认可。1998 年 8 月 31 日俄罗斯联邦总统签署命令，正式将苏-27K 更名为苏-33，舰载机研制试飞路程终于到达终点进入部队服役，而当时俄罗斯航母也只有一艘"库兹涅佐夫"号。

苏-33舰载战斗机从"库兹涅佐夫"号航空母舰起飞

苏-33 舰载战斗机参数

乘员	1 人
长度	21.94 米
翼展	14.70 米
高度	5.93 米
翼面积	62 平方米
空重	18400 千克
最大起飞重量	33000 千克
发动机	2 台 AL-31F3 涡扇发动机
最大速度	马赫数 2.17
巡航速度	马赫数 0.95
爬升速度	海平面：230 米/秒
升限	18000 米
最大航程	3000 千米
翼负荷	483 千克/米^2
推重比	0.83
武器装备	• 1 门 GSh-301 航炮 • 各式航空火箭弹、空对空导弹、对地对舰攻击导弹

苏-33 舰载战斗机外观图

02 F-14"雄猫"舰载战斗机

F-14 舰载战斗机发射 AIM-54 "不死鸟" 远程空空导弹

F-14 舰载战斗机从"卡尔·文森"号航空母舰弹射起飞

唐 杜牧 《鹭鸶》
雪衣雪发青玉嘴
群捕鱼儿溪影中
惊飞远映碧山去
一树梨花落晚风

　　经过越战洗礼的美国海空军发现高空高速无机炮仅使用导弹的F-4不适应中低空格斗，F-4空中格斗能力虽强，但与越南人民军的米格-17等轻型飞机作战没有讨到什么便宜。由于F-4没有实现美国海军对于重型截击机的性能要求，于是美国海军再一次向各大军火制造商提出了新型舰载机和远程导弹的要求。"TFX"计划适时提出，这是一种美国海空军都可使用的变后掠翼重型战斗机研制计划。F-111A型和B型分别装备于美国空军和美国海军。但"TFX"计划起初由美国空军起草，对于海军的各种要求不可能面面俱到，所以美国海军对于F-111B的性能十分不满。F-111B过于庞大，且重量也不符合海军要求，系统也十分复杂。就这样，"TFX"计划被迫取消了。不多时，美国海军获得批准，准许自己发展专用航母舰载机。计划被命名为"VFX"。最终，格鲁曼公司的可变后掠翼方案在众多竞争对手中脱颖而出，于1969年1月被美国海军选中。这就是格鲁曼303E方案，随后被赋予正式编号：F-14。

　　F-14战斗机为双座可变后掠翼双发双垂尾两侧进气道布局，这与我们

海空雄鹰　**125**

以往介绍的战斗机都不尽相同。F-16、F-15 和苏 -27 等为常规布局,"幻影"系列为无尾三角翼布局,那么可变后掠翼布局又是什么呢?这种布局有什么优缺点呢?可变后掠翼是一种可随不同飞行情况而改变机翼后掠角的设计,这样的设计可以同时利用后掠翼在高速以及平直机翼在低速下的优点,但会增加飞机重量和结构复杂度。

虽然后掠机翼成功应用于众多军用飞机和民用飞机,但后掠机翼的缺点也很明显。诱导阻力大,达到高升力需要很大的迎角,襟翼效率低等。后掠机翼在高速飞行中得到好处,但却失去了平直机翼良好的低速特性。所以飞机设计师们很自然地就提出能否在不同飞行阶段使飞机有不同的后掠角,即在飞行中改变机翼的后掠角来解决高速飞机的低速问题。这就是变后掠翼概念的由来。

对变后掠翼最初的研究是德国于第二次世界大战后期进行的。1945年设计过一款叫作Me P.1101的可变后掠翼飞机,但仅仅是在地面调整后掠角度。第二次世界大战以后,美国成为变后掠翼研究的先驱者。1949年美国贝尔飞机公司接受NACA(美国国家航空咨询委员会,NASA前身)的计划,设计X-5可变后掠翼研究机。X-5于1951年首飞。同时,格鲁曼公司为海军研制了XF10F-1可变后掠翼飞机,该机在1952年首飞。

X-5和XF10F-1是世界上比较早的两架可变后掠翼飞机。这两架飞机

在变后掠的同时还前后移动机翼，以抵偿后掠角改变使气动中心移动产生的过大的纵向稳定度变化。这使得机构复杂，重量也同时增加。X-5和XF10F-1的试飞结果表明可变后掠翼飞机在结构上和使用上都是切实可行的。能较大改善飞机的高、低速性能。同时也提出了可变后掠翼飞机在气动、结构方面的问题。这两款飞机为F-14的技术探索和实践打下了深厚的基础。"TFX"计划下的F-111是世界首款实用型可变后掠翼飞机。1970年，F-14首飞成功，"雄猫"传奇拉开了大幕。

由于冷战结束，美国的威胁相对减少，加之F-14过于庞大，造价高昂，连财大气粗的美国海军也难以维系，于2006年退出现役。

F-14 舰载战斗机

海空雄鹰

F-14 舰载战斗机参数（改型不同参数略有差异）

乘员	2 人		武器	机炮	1 门 M61A2 "火神" 20 毫米口径机炮，备弹 675 发
长度	19.10 米			导弹	空对空导弹 • AIM-54 "不死鸟" 远程空对空导弹 • AIM-7 "麻雀" 中程空对空导弹 • AIM-120 "AMRAAM" 先进中程空对空导弹 • AIM-9 "响尾蛇" 近距空对空导弹
翼展	9.45 米				
完全展开，最小后掠角时的翼展	19.54 米				
完全收起，最大后掠角时的翼展	11.65 米				
高度	4.88 米				空对地导弹 • "JDAM" 联合直接攻击弹药 • B61 战术核弹 • GBU-10、GBU-12、GBU-16、GBU-24 等
翼面积	54.5 平方米（仅机翼）				
空重	19838 千克				
正常起飞重量	27700 千克			炸弹	六个翼下、四个机身外侧、一个机身中线挂点，总外挂可达 7300 千克 • Mk80 系列低阻力自由落体航空炸弹，包括 Mk-82、Mk-83 与 Mk-84 等不同重量的版本 • Mk20 II 集束炸弹
最大起飞重量	33720 千克				
发动机	F-14A	两台普拉特·惠特尼 TF30 涡扇发动机			
	F-14A+ 及 B	两台通用电气 F110-GE-400 涡扇发动机			
最大速度	马赫数 2.34（2866 千米/时）			其他	• 战术空中侦察吊舱系统（Tactical Airborne Reconnaissance Pod System，TARPS） • 夜间低空导航红外线瞄准吊舱（LANTIRN pod）
爬升速度	229 米/秒				
实用升限	A/B/C/D 型	19800 米			
	E 型	15000 米			
最大航程	2960 千米			航空电子设备	• AN/APG-71 雷达 • AN/ASN-130 惯性导航（INS） • 红外线搜寻追踪系统（IRST） • 战术控制（TCS）系统 • 远端视讯接收器（ROVER）
作战半径	926 千米（无空中加油）				
翼负荷	468.7 千克/米^2				
推重比	0.88				
最大过载	7.5				

F-14 舰载战斗机外观图

海空雄鹰

03 F/A-18F"超级大黄蜂"舰载多用途战斗机

EA-18G 舰载电子干扰机

唐 李白《行路难·其一》

行路难
行路难
多歧路
今安在
长风破浪会有时
直挂云帆济沧海

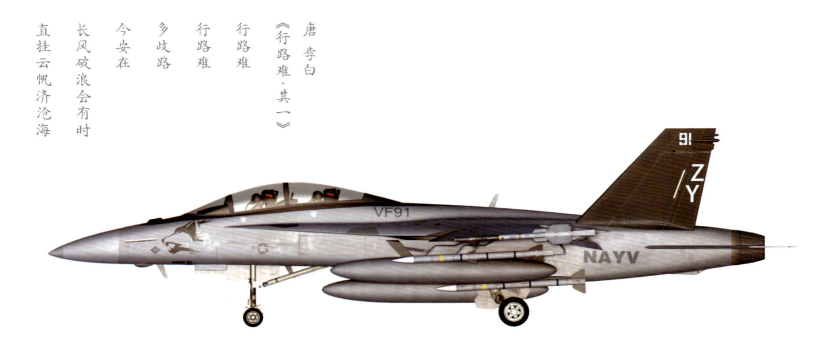

YF-17"眼镜蛇",1972 年美国 LWF 计划与通用动力 YF-16 竞争的失败者,美国诺斯罗普公司设计制造。

两年后,因美国海军需要新型制空舰载战斗机,在没有特殊经费的前提下使用空军的 YF-16 和 YF-17 再一次同台竞争。由于海军舰载机的特殊性,双发布局的 YF-17 赢得海军青睐,不过诺斯罗普的海军舰载机设计经验不足,遂与这方面经验丰富的麦道公司联合研制(后期 F/A-18 战斗攻击机实际上为麦道公司生产)。最初计划 YF-17 设计成两款机型,同一机体下,A-18 攻击机替代海军陆战队的 F-4 及海军的 F-4、A-4、A-7 等机型执行对地攻击任务,F-18 则专职制空任务。经过仔细考量,研发团队发现 YF-17 战机可以同时完成对空和对地打击,多用途战斗攻击机 F/A-18 就这样诞生了。F/A-18 战斗攻击机为常规双发布局,大边条外倾双垂尾折叠机翼。新的代号命名为"大黄蜂"。

F/A-18 战斗攻击机分为单座型和双座型,早期单座型为 F/A-18A,双座型为 F/A-18B。经过后期改进,C/D 型号为主力服役型号。

随着"大黄蜂"的服役,美国海军认为 F/A-18 的升级改造有限,麦道公司开始在其基础上开发新"大黄蜂"。1995 年,一种被称为"超级大黄蜂"的新式战机首飞成功。"超级大黄蜂"与"大黄蜂"外观布局一致,但几乎全新设计,不能等同于"大黄蜂Ⅱ"型,其实原计划就叫"大黄蜂Ⅱ",有些类似苏 -27 原型机和后期大改的 T-10S 之间的区别。体形上,"超级大黄蜂"比前作大了约 10%,进气道由原来的圆弧形改成了"加莱特"构型,以降低雷达反射截面。边条更大更宽,座舱更先进,武器挂载更灵活。1997 年"超级大黄蜂"开始正式进入量产阶段,1999 年起逐步替换 F-14"雄猫"战斗机成为美国航空母舰上的主力机型。虽然改进颇多,但"超级大黄蜂"还是沿用了 18 这个序列号,单座型被命名为 F/A-18E,

F/A-18F 舰载战斗机外观图

海空雄鹰 133

双座为 F/A-18F。

"超级大黄蜂"的研制时期，冷战已经结束，一夜之间美国成了唯一的超级大国，来自"铁幕"那边的威胁消失了。F-14 造价实在有些昂贵，若是在轰轰烈烈的冷战时期，举全国之力对抗华约集团，价钱的问题几乎可以忽略不计。东西方两大阵营都是不惜一切代价要压过对方一头，各个方面全方位竞赛。20 世纪 90 年代末，美国国防预算因为外部压力的减少而急剧压缩，虽然没有达到"刀枪入库""马放南山"的地步，但也取消了大量的武器设计生产项目，F-14 被替换，也就没有什么意外了。另外，F-14 单机造价接近 4000 万美元，这在当时可是一笔不菲的费用。飞机的造价只是一部分，还有后期维护、保养、损失等数不胜数。当然，一枚 F-14 挂载的 AIM-54 "不死鸟"导弹的造价也达到 100 余万美元，这连财大气粗的美国海军也有些无法承受。可能一些朋友有所了解，2019 年"超级大黄蜂"单机造价也达到了 5000 余万美元，这比 F-14 价格贵多了，这都是通货膨胀惹的祸。有经济学家表示 20 世纪 90 年代 1 美元相当于现在的 10~15 美元，当然账不能这么简单地算，不过在那个年代 4000 万美元可是相当大一笔开销。还有，当时 F-14 机体已经相当老化，严重威胁到飞行安全，且生产线也已经被彻底拆除无法新造飞机了。

"超级大黄蜂"虽然占据了航母甲板，不过很多方面的性能确实没有 F-14 强。以 F-14D 型为例，在 3000 余米高空可轻松飞至马赫数 1.6，而 F/A-18E 即使全开加力也没有超过声速。只携带一个副油箱的 F/A-18A 拼尽全力也追不上挂载 6 枚导弹加两个副油箱还有 800 磅重量炸弹的 F-14。两者的飞行性能差距一目了然。

再说航空电子设备，F/A-18C 型和 F-14D 型分别使用 AN/APG-65 和 AN/APG-71 型脉冲多普勒雷达，后者性能更加强大。F-14 还有个 ASF-14 计划，升级 F-14 到 NATF（海军先进战斗机）。但该计划只能用全新制造的机体，无法使用现役飞机改装。该计划使用 F119-PW-100 涡扇发动机，为 F-22 "猛禽"战斗机同款。机身以大量复合材料、铝及钛合金制造以减轻重量。改善可维护性，增加可靠性，降低飞行小时费用。在隐身能力方面也有改进，除了多用复合材料外，在发动机前方加装雷达屏蔽罩以减少雷达回波，协调起落架舱盖、维修口盖等部位的边位角度。座舱加装头盔式显示器，雷达改用 AN/APG-63V3 相控阵雷达，此型雷达的性能比 F-22 "猛禽"的 AN/APG-77 更强，原因是 F-14 的机鼻比 F-22 大，能容纳更多收发模组及等效孔径更大，使雷达有效探测距离更远，分辨率更高。当然，这项计划后期被砍，不然 F/A-18E/F 更加遥不可及了。

无论 F-14 是否全新制造，"超级大黄蜂"无论从飞行性能还是后期改装计划都无法与强大的 F-14 相比，简单总结 F/A-18E/F 替代 F-14 的原因：

F/A-18F 舰载战斗机

EA-18G 舰载电子干扰机

F/A-18F 舰载战斗机

政治和技术因素叠加。

一个庞大的武装力量的维持需要一个或者多个对手，换个说法就是要有威胁的存在。当这个威胁消失的时候，即便其先进强大，但造价昂贵、维护复杂的战斗机，被另一款造价相对低廉，任务完成度也不差，多用途能力突出的"廉价"飞机所替代，是一个显而易见的结局。即使没有 F/A-18E/F 的出现，即使冷战没有结束，F-14 系列飞机也会由下一代新式飞机所取代，这是历史规律。只是冷战结束作为一个"突如其来"的契机罢了。

还有一个重要原因，早先 F-14 作为舰队防空专用截击机用来夺取制空权和打击高空轰炸机等战略目标，近距对地支援还需要航母搭载 A-6、A-7 等舰载攻击机。这样，航母本来就很局促的空间和有限的载机数量又要因为执行不同作战任务而妥协。F/A-18 参军以后，制空和对地打击任务可由一种机型一并完成，减轻了维护和调度成本，这种多用途能力是 F-14 无法比拟的。进入新世纪以来，战斗机的多用途性能越来越受到重视，各国空军都在战机多用途化方面下了很大功夫，如俄罗斯的苏 -30 系列和美国 F-15 系列。F-14 这类高空高速专用截击机退出历史舞台也是必然。

F/A-18F 舰载多用途战斗机参数（改型不同参数略有差异）

乘员	1 人或 2 人		
长度	18.31 米		
翼展	展开：13.62 米　　折叠：9.32 米		
高度	4.88 米		
翼面积	46.5 平方米		
空重	14552 千克		
正常起飞重量	21320 千克		
最大起飞重量	29938 千克		
发动机	2 台 F414-GE-400 涡扇发动机		
推力	57.8 千牛；加力时为 97.9 千牛		
最大速度	马赫数 1.6（1960 千米 / 时）		
爬升速度	254 米 / 秒		
升限	15000 米		
最大航程	3330 千米		
作战半径	722 千米		
翼负荷	450 千克 / 米^2		
推重比	0.95		
武器	机炮	1 门 M61A2 20 毫米口径 "火神" 机炮	
	导弹	• AIM-7 "麻雀" 中程空对空导弹 • AIM-9 "响尾蛇" 短距空对空导弹 • AIM-120 先进中程空对空导弹	
		对地	• AGM-62 • AGM-65 "小牛" 导弹 • B61 战术核弹 • AGM-158 联合空对地导弹 • AGM-154 联合战区外武器
		对舰	• AGM-84 "鱼叉" 反舰导弹 • AGM-158C 远程反舰导弹
		反雷达	• AGM-88 导弹
	炸弹	GBU-10、GBU-12、GBU-16、GBU-24、CBU-59、Mk80 等	

F/A-18F 舰载战斗机弹射起飞

苍穹劲舞
世界著名战斗机 CG 图册

多面手

01 苏-30"侧卫 G"多用途战斗机

苏-30KN（亦称苏-30M2）

唐 张籍《酬朱庆馀》
越女新妆出镜心
自知明艳更沉吟
齐纨未足时人贵
一曲菱歌敌万金

　　苏-30，这个响当当的名字即使对飞机和军事装备不算很了解的人也或多或少有些耳闻。苏-30名气太大，产量和改型很多，以至于几乎占据了苏-27系列飞机家族的半壁江山，也是不折不扣的苏-27战机家族中的出口拳头产品。20世纪90年代初，苏联国内局势发生重大变化，镰刀斧头被白蓝红三色旗取代，苏联不复存在。此时正值T-10PU（苏-27双座改进型）联合鉴定试飞结束，俄罗斯国内形势的变化也使得设计局将T-10PU考虑进行出口型的改造。1991年10月，设计局开始研制出口型苏-30飞机，并被命名为苏-30K（设计局代号T-10PK）。到了1992年又提出了扩大对地攻击能力的技术性报告，这份文件也成了今后苏-30飞机的技术主攻方向，新方案被命名为多用途歼击机苏-30MK（M代表现代化改装，K代表外销）。

　　1992年4月14日，第一架生产型苏-30于伊尔库茨克航空厂在工厂试飞员布兰诺夫和马克西缅科的驾驶下首飞成功。苏-30的传奇由此正式拉开帷幕。

　　苏-30是苏霍伊设计局一个开创性机型，平台好，性能强，作战能力突出，现在已经成为苏霍伊设计局出口拳头产品。可以说苏-30系列飞机的改装成功不单是一个机型的改装研制，也折射出当时苏霍伊设计局面对国家形势变化做出的战略调整。从"大锅饭"式你下订单我研制生产的固有观念，转变成积极拓展国内外市场的主动思维，也是顺应局势变化的正确选择。如果没有苏-30系列，无法想象现在的苏霍伊设计局是否能够继续强大，市场环境和对外技术融合就存在很大的不确定性。

苏-30多用途战斗机参数（改型不同参数略有差异）

乘员	2 人
长度	21.9 米
翼展	14.7 米
高度	6.4 米
翼面积	62.04 平方米
空重	17700 千克
最大起飞重量	34500 千克
动力	2 台 AL-31F 加力涡扇发动机
载油量	9720 千克（内部油箱）
载弹量	8000 千克
最大飞行速度	2125 千米 / 时
升限	17300 米
航程	3000 千米
武器	• 1 门 GSh-301 航炮，装弹 180 发 • 各种航空火箭弹及空对空导弹、对地对舰导弹

苏-30多用途战斗机外观图

苏-30MK

苏-30SM

苏-30MK2

02 F-15E "攻击鹰"多用途战斗机

F-15E 多用途战斗机

多面手 149

唐 曹松
《己亥岁二首·僖宗广明元年》
泽国江山入战图
生民何计乐樵苏
凭君莫话封侯事
一将功成万骨枯

  1980 年范堡罗航展上美国展出了最新概念机 TF-15A，这架飞机以先进能力展示机的身份出现，号称完全空中优势战斗机的 F-15"鹰"式战斗机加装了新式保形油箱和 AN/AVQ-26 激光定位吊舱。这种吊舱的功能就是为空对地激光制导炸弹指引目标，这说明 F-15 也背离了初衷，开始向多用途飞机方向发展了。

  1984 年年初，双座型 F-15E"攻击鹰"战胜与其竞争的通用动力公司 F-16XL 飞机，赢得美军 ETF（增强型战术飞机）项目。F-15E 可以在没有己方战斗机护航的情况下独立深入敌方上空执行远距离战术任务，不但有着优异的空对空作战能力，对地攻击能力亦十分强大。一个平台拥有多用途战术执行能力，这就是多用途战术飞机的优点和特性。1989 年开始，F-15E"鹰"式多用途战斗机开始具备初始作战能力。

  1978 年，美国空军全天候战术任务研究组（Tactical All-Weather Requirement Study）对下一代攻击机进行概念摸索。他们评估了几家飞机公司提出的概念，包括采购更多的 F-111，或是将 F-15 改造为多用途战机等构想，最后判断认为改造 F-15 作为美空军未来战术攻击平台是最合理的选项。

  1979 年，麦道公司和休斯飞机公司开始进行 F-15 的空对地能力发展研究。为了推进计划，麦道公司提供了 TF-15A 二号机（序号 71-0291）作为概念展示机，又称为"先进能力示范战斗机"（Advanced Fighter Capability Demonstrator）。改良版 TF-15A 装上了保形油箱、AN/AVQ-26 激光标定吊舱等硬件，对外宣示 F-15 的多用途与长续航力。该机在 1980 年的范堡罗航空展中展出。

F-15E 多用途战斗机外观图

F-15E 多用途战斗机

　　1981年3月，美国空军发布提升型战术战斗机（Enhanced Tactical Fighter，ETF）计划，以取代F-111。这个概念要求的是一架能够执行远距离、深入敌人战线后方的阻绝任务，并且不需要其他战斗机护航与电子干扰支援，该项目后更名为"双重身份战斗机"（Dual-Role Fighter，DRF）。通用动力公司提交的机型是F-16XL，用以与麦道的F-15衍生型F-15E竞争。F-15E概念机进行了200余次试飞，验证了16款武器。F-16XL虽然在性能上也不容忽视，但是美国空军评估其开发成本远高过F-15E（F-16XL开发预估经费4.7亿美金、F-15E则是2.7亿美金），且单发动机战机后续潜能有限，最终在1984年2月24日公布由F-15E获选。最初麦道公司预估美军将会采购400架此型机，最终采购392架。

　　第一架于1986年12月11日首飞，而第一架量产型在1988年4月交付予亚利桑那州路克空军基地的第405空中远征联队。1989年10月，F-15E在北卡罗来纳州的西摩强森空军基地达到初始作战能力。

　　F-15E系列战机强大的对空对陆对海能力令人生畏，后期最新改进型号集最尖端前沿科技于一身，即使在美国海空军加速装备F-35的今天，F-15E最新改进型F-15SE还是被列入优先发展行列，可见美国军方对其的重视程度。

F-15 战斗机参数（改型不同参数略有差异）

乘员	2 人	
长度	19.44 米	
翼展	13.03 米	
高度	5.68 米	
翼面积	56.5 平方米	
空重	14379 千克	
正常起飞重量	20500 千克	
最大起飞重量	36741 千克	
发动机	两台通用电气 F110-GE-132 或普惠 F100-PW-229EEP 涡扇发动机	
最大速度	3062 千米 / 时	
升限	15000 米	
最大升限	18000 米	
作战半径	1850 千米	
翼载荷	357.5 千克 / 米^2	
最大过载	9	
武器	机炮	1 门 M61A2 火神式 20 毫米口径机炮，弹药 512 发
	导弹 空对空导弹	• AIM-7 "麻雀"中程空对空导弹 • AIM-120 "AMRAAM"先进中程空对空导弹 • AIM-9 "响尾蛇"短程空对空导弹
	炸弹	六个翼下、四个机身外侧、一个机身中线挂点，总外挂可达 7300 千克 • Mk 80 系列低阻力自由落体航空炸弹 • "JDAM"联合直接攻击弹药 • B61 战术核弹 • F-15E 可挂载各种美国空军空用炸弹，包括自由落体核弹，以及 GBU-28 2000 千克碉堡穿透炸弹

F-15E 多用途战斗机

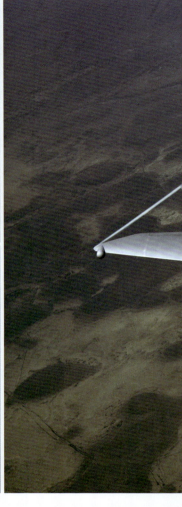

多面手

苍穹劲舞
世界著名战斗机 CG 图册

欧洲骑士

01 法兰西"阵风"战斗机

法国"阵风"战斗机发射"流星"导弹

濯鳞沧海畔

驰骋大漠中

独步圣明世

四海称英雄

魏晋 张华 《壮士篇》

要想取得成功，就必须工作，工作，再工作。然后还要有一点运气，要获得这点运气，就要把个人爱好、技术进步和谨小慎微很好地结合起来。

——马塞尔·达索

20世纪70年代，英国、联邦德国、意大利、西班牙等国空军计划共同研发一种新式战斗机，法国因为该项目不适合本国发展而没有加入。法国的需求与欧洲各国不同，法国拥有强大的海军，需要一种海军和空军都能装备的战机，空军飞机负责夺取制空权和对地攻击等任务，海军则需要航空母舰的舰载机，这与欧洲单纯制空战斗机研制计划背道而驰。

法国单方面依靠自己的力量开发"幻影"2000的后继机型，这就是"阵风 Rafale"。在达索本人的亲自参与下，1986年7月，"阵风"原型机首飞成功。1991年"阵风C"正式定型，2001年进入法国武装部队服役。

"阵风"除了秉持达索公司流畅美观的飞机外形设计，还采用了那个年代流行的鸭式气动布局。鸭式气动布局可在一定范围内获得更高的升力，有效改善起飞降落和空战性能，还兼顾高空高速性能。肋部两侧进气道进气效率较高，亦有局部隐身效果。除了气动外形，"阵风"在雷达火

法国"阵风"战斗机

控系统、航空电子设备、武器、人机界面等方面都进行了改进和提高。更值得一提的是,"阵风"实现了一机多用,一机多能,不但是空军主力机型,还是海军航空母舰主力舰载机。空战性能突出的同时兼顾强大的对陆对海攻击能力,维护性、可靠性还进行了大幅度的提升。毫不夸张地说,"阵风"是又一款达索工程杰作。

和苏-27总设计师苏霍伊相同,达索也没有看到自己最后设计的杰作"阵风"的首飞,首飞之前三个月,著名的飞机设计大师、航空传奇、达索公司创始人,马塞尔·达索与世长辞,享年94岁。

"阵风"整合了一套SPECTRA综合电子战系统,由泰雷兹公司和法国欧洲宇航防务集团研制,是一套高度整合与自动化的系统,无须占用机翼挂架。此系统的功能包括对威胁目标产生的讯号做长距离侦测、辨别及精准的定位,能应对红外线、电磁波及激光讯号。

"阵风"在服役时使用在20世纪90年代研发的RBE2无源相控阵雷达,也是西欧国家当中唯一使用这种雷达的战斗机。制造商号称该款雷达能在近战、远距拦截等情况下较早发现目标,同一时间内能够追踪40个目标并攻击其中8个。拥有对地模式,能实时产生地形追踪,和飞行时所需的三维地形图,及实时产生高解析图像地图以作导航及目标标定之用。

RBE2无源相控阵雷达日后被RBE2AA有源相控阵雷达(AESA)取代,RBE2AA于2004年7月开始研发,原型在2009年12月投产,已于2010年8月交给法国军方。2012年9月初,第一架换装了RBE2AA雷达的"阵风"战斗机开始在蒙德马桑空军基地服役。有资料显示,新的雷达探测距离增加至200千米,同时改善追踪能力、可靠性、低雷达截面积目标截获能力,能够提供分辨率高至小于1米的合成孔径雷达图像,并减少维护。

"阵风"虽然服役时间较晚,但法国武装力量急先锋的称号当仁不让。

对于第四代战斗机(俄系标准),首先需要强调高机动性,这是空中格斗的基本要素之一。其中较重要的就是瞬时盘旋率的提高,它为全向攻击及机头快速指向提供保证。要使飞机具有很高的机动性,必须提高飞机的最大升力系数,这是先进战斗机气动布局设计的基本要求。最大升力受到限制的根本原因在于飞机在大迎角时的气流分离,如何改善或控制飞机大迎角气流分离就成为先进气动布局首先要解决的问题。

其次,在最大升力所对应的迎角范围内飞机的纵横向气动特性还应是稳定的，即飞机是可操纵和控制的，否则不能作战。对于静不稳定的飞机，为防止在大迎角飞行时上仰失控，要求飞机在达到最大升力迎角附近时具有恢复到平衡状态的能力，即在极限迎角范围内能产生足够的低头俯仰力矩或低头俯仰加速度。以突出中低空机动性为主要设计目标的当代战斗机，所采用的先进气动布局形式有以 F-16、米格 -29 为代表的正常式边条翼布局，以 "台风" "阵风" 为代表的鸭式布局，以苏 -33 为代表的三翼面布局。它们的共同特点都是利用主翼前方的气动面（边条或鸭翼）产生的脱体涡流，来改善大迎角时的机翼流场，产生高的非线性涡升力，推迟失速迎角，提高最大升力和降低诱导阻力。

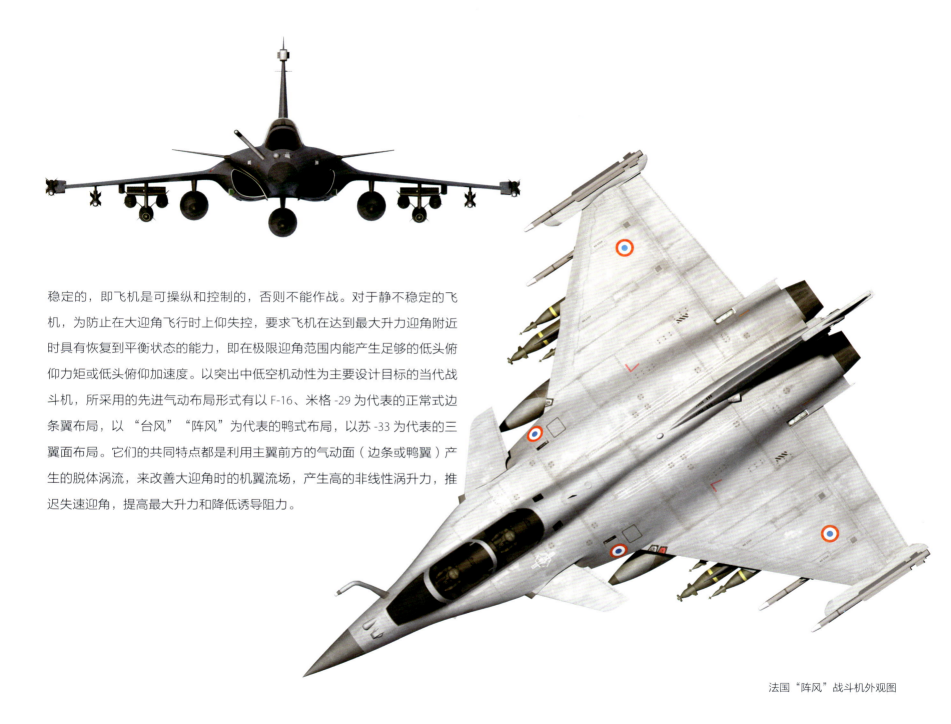

法国"阵风"战斗机外观图

法国"阵风"战斗机

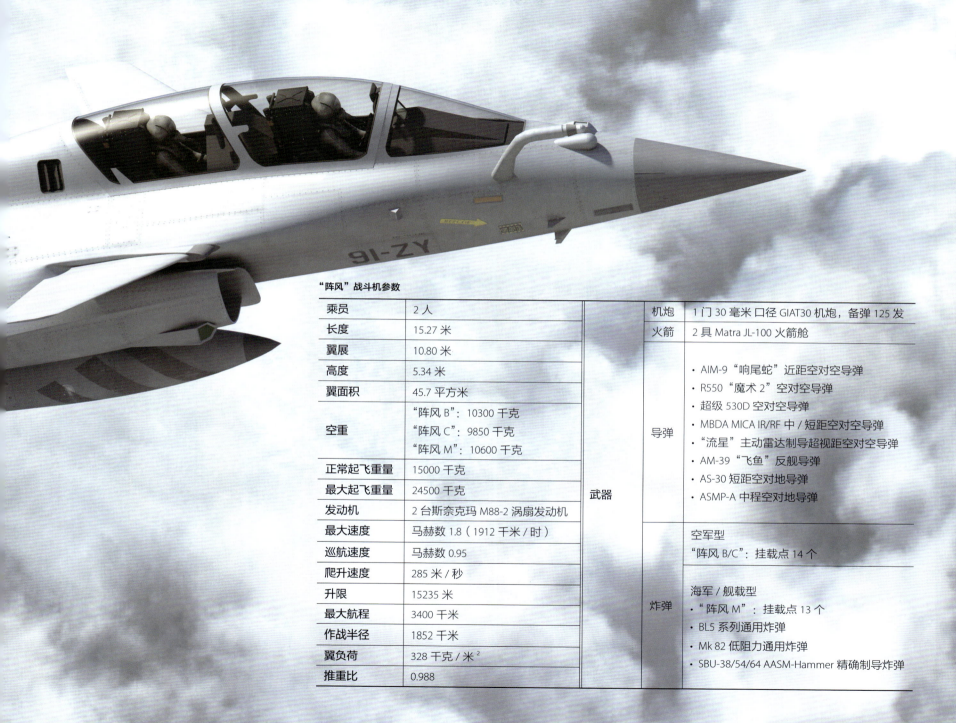

"阵风"战斗机参数

乘员	2 人		机炮	1 门 30 毫米口径 GIAT30 机炮，备弹 125 发
长度	15.27 米		火箭	2 具 Matra JL-100 火箭舱
翼展	10.80 米			
高度	5.34 米		导弹	• AIM-9 "响尾蛇" 近距空对空导弹 • R550 "魔术 2" 空对空导弹 • 超级 530D 空对空导弹 • MBDA MICA IR/RF 中／短距空对空导弹 • "流星" 主动雷达制导超视距空对空导弹 • AM-39 "飞鱼" 反舰导弹 • AS-30 短距空对地导弹 • ASMP-A 中程空对地导弹
翼面积	45.7 平方米			
空重	"阵风 B"：10300 千克 "阵风 C"：9850 千克 "阵风 M"：10600 千克	武器		
正常起飞重量	15000 千克			
最大起飞重量	24500 千克			
发动机	2 台斯奈克玛 M88-2 涡扇发动机			
最大速度	马赫数 1.8（1912 千米/时）		炸弹	空军型 "阵风 B/C"：挂载点 14 个 海军／舰载型 "阵风 M"：挂载点 13 个 BL5 系列通用炸弹 Mk 82 低阻力通用炸弹 SBU-38/54/64 AASM-Hammer 精确制导炸弹
巡航速度	马赫数 0.95			
爬升速度	285 米/秒			
升限	15235 米			
最大航程	3400 千米			
作战半径	1852 千米			
翼负荷	328 千克/米^2			
推重比	0.988			

欧洲骑士

02 欧洲"台风"战斗机

"台风"战斗机与"阵风"战斗机双机编队

汉 曹植《白马篇》

宿昔秉良弓
楛矢何参差
控弦破左的
右发摧月支
仰手接飞猱
俯身散马蹄
狡捷过猴猿
勇剽若豹螭

"台风"战斗机是一款双发、三角翼气动布局设计的超声速中型多用途战斗机。

"台风"与"阵风"类似，都采用鸭翼无尾三角翼单垂尾双发布局，"台风"进气道位于机身下侧，前期为矩形设计，后期不断修形，形成了服役时"笑脸"结构。这种进气道对于大迎角飞行性能和高速飞行性能提升很大，却不利于飞机的雷达截面隐身。

"台风"战斗机于1994年3月27号首飞成功，2003年8月4日进入部队服役。

"台风"战斗机采用主动控制数字电传操纵系统，具有任务自动配置能力。有媒体夸赞"台风"是欧洲主战装备中个头最大，综合实力最强的战斗机。20世纪70年代，美国F-14、F-15和F-16等第四代先进战斗机相继装备部队，苏联米格-29与苏-27也在紧锣密鼓试验试飞中。欧洲的天空还是以F-4和F-104及"幻影"等飞机为主力，地处冷战前线的欧洲国家面对苏联战机稍显疲弱。但欧洲众国家国土面积普遍较小，对经费和科研的需求单个国家难以支撑。团结就是力量，这句话放在"台风"战斗机计划中尤为适合。

20世纪70年代，正是冷战高峰，面对苏联大兵压境，大洋彼岸的美国对于身处苏联武装力量一线的欧洲鞭长莫及。欧洲急需一种高性能战斗机抗衡苏联第四代先进战斗机。这种战斗机需要极佳的超声速能力，低空低速机动能力，较优秀的态势感知能力和战争条件下较短距离从毁坏机场起飞降落的能力。最应该达到的目标就是具有较远的航程和较快的速度在第一时间消灭敌方战略轰炸机，保卫城市和重要军事设施。"未来欧洲战斗机计划"最早由法国、联邦德国、英国、意大利和西班牙组成，但后续研制计划的推进并不顺利。法国退出，独立去研制自己的"阵风"战斗机。剩余四国在1986年成立了欧洲战斗机公司（Eurofighter GmbH），总部位于德国的巴伐利亚。最初的战斗机生产服役计划是这样，英国232架，德国180架，意大利121架，西班牙87架，但后期因为成本及环境变化，采购数量略有调整。

2003年7月8日，欧洲战斗机公司完成了"台风"认证书的签署，标志着"台风"战斗机可以正式投入现役部队。"台风"战斗机相比于"阵

"台风"战斗机

"台风"战斗机发射"流星"空空导弹

风"更加强调高空高速能力,注重飞机的推重比和远程截击能力。

EJ200发动机是"台风"的动力之源,欧洲战斗机公司研制的双转子加力涡扇发动机。得益于优秀的气动设计,加上EJ200加力状态下90千牛的强大动力,"台风"战斗机是世界上为数不多的可以实现超声速巡航的战斗机。这种能力在战场上是一种巨大优势,可以快速到达,快速撤出,对于空战主动性的把握十分自如。

高空,我所欲也;格斗亦我所欲也。二者兼而得之,此欧洲"台风"也。

"台风"战斗机参数（改型不同参数略有差异）

乘员	1 人或 2 人		机炮	1 门 27 毫米口径毛瑟 BK-27 机炮，备弹 150 发
长度	15.96 米		火箭	2 具 Matra JL-100 火箭发射器，每具最多可携带 18 枚 68 毫米火箭弹
翼展	10.95 米		导弹 短距空对空导弹	• AIM-9 "响尾蛇" 短距空对空导弹 • AIM-132 先进短距空对空导弹 • IRIS-T 短距空对空导弹
高度	5.28 米			
翼面积	51.2 平方米			
空重	11000 千克	武器	中程空对空导弹	• AIM-120 先进中程空对空导弹 • 流星主动雷达导引超视距空对空导弹
正常起飞重量	16000 千克			
最大起飞重量	23500 千克		对海	AM-39 "飞鱼" 反舰导弹
发动机	2 台 EJ200 涡扇发动机		对地	• AGM-65 "小牛" 近程空对地导弹 • AGM-88 高速反辐射导弹 • "硫磺石" 空对地导弹 • "金牛座" KEPD350 远程空对地导弹 • SPEAR3 空对地导弹
最大速度	高空：马赫数 2.0（2495 千米/时） 低空：马赫数 1.25（1530 千米/时）			
爬升速度	318 米/秒			
升限	19812 米			
最大航程	2900 千米（无副油箱）3790 千米（配备三个副油箱）		炸弹	• 挂载点 13 个，共载重 9000 千克 • 激光制导炸弹 • Mk82 低阻通用炸弹 • 联合直接攻击炸弹（JDAM） • GBU-39 小直径炸弹等各种通用炸弹
作战半径	601 千米			
翼负荷	312 千克/米^2			
推重比	1.15			

"台风"战斗机外观图

03   JAS-39 "鹰狮"战斗机

"鹰狮"战斗机

"鹰狮"战斗机

唐 杜甫《画鹰》

绦镟光堪摘
轩楹势可呼
何当击凡鸟
毛血洒平芜

JAS-39 "鹰狮"是一款由瑞典萨博集团研制的轻型战斗机，JAS-39 具有多功能、高适应性等诸多特点，更有先进科技与有效的人机工程相配合，轻巧而结实的结构，三角翼设计，人工强化与全天候电传操纵的飞行操纵，高性能轻型雷达及其他系统，都以适于飞行员操作的方式结合在一起。

JAS-39的JAS为瑞典语中的Jakt（对空战斗）、Attack（对地攻击）、Spaning（侦察）的缩写，由以上文字可见JAS-39为一型战斗、攻击、侦察兼具的多功能战斗机。是瑞典空军用来接替Saab-37的机型。

JAS-39 由鸭型翼（前翼）与三角翼组合而成近距耦合鸭式布局，继承了 Saab-37 的气动型式，结构上广泛采用复合材料，主翼为切尖三角翼带前缘襟翼和前缘锯齿，全动前翼位于矩形涵道的两侧，无水平尾翼。机翼和前翼的前缘后掠角分别为 45°和 43°。该机能在所有高度上实现超声速飞行，并在短场起降上取得最大的效率。

可收放前三点式的主起落架为单轮式，向前收入机舱。可转向前起落架为双轮式，向后收入机身下部。机轮和轮胎有碳圆盘刹车及防滑装置。采用带有覆面层隔板的楔形涵道。机身内装自封式主油箱和集油油箱，采用燃油综合管理系统控制。

JAS-39 作为 Saab-37 的后继型机种于 1980 年开始研发，1981 年提交机体的初期提案，1982 年得到政府审核通过。

JAS-39 的试验一号机于 1988 年 12 月 9 日第一次飞行升空。试验一号机于 1989 年 2 月 3 日的试验飞行中，因电传操纵的缺陷导致，着陆失败，飞机严重破损，JAS-39A 量产型一号机因此转为试验使用。1996 年 6 月 9 日进入瑞典空军服役。

被誉为"欧洲三雄"之一的瑞典"鹰狮"战斗机特点鲜明，造型独特，战斗力不可小觑。

JAS-39 "鹰狮"战斗机参数（改型不同参数略有差异）

乘员	1 人或 2 人	武器	机炮	1 门 27 毫米口径 毛瑟 BK-27 机炮，备弹 150 发
长度	15.2 米		火箭	2 具 Matra JL-100 火箭舱，每具最多可携带 18 枚 68 毫米火箭弹
翼展	8.6 米		短程空对空导弹	• AIM-9 短程空对空导弹 • IRIS-T 短程空对空导弹
空重	7000 千克			
最大起飞重量	16500 千克		中程空对空导弹	• AIM-120 先进中程空对空导弹 • 流星主动雷达制导超视距空对空导弹 • 天闪空对空导弹 • 云母空对空导弹
发动机	A/B/C/D 型：1 台通用电气 F404 涡扇发动机 NG/E/F 型：1 台通用电气 F414G 涡扇发动机		导弹	
最大载油量	3400 千克			
最大速度	马赫数 2（2450 千米/时）		对海	RBS-15 反舰导弹
巡航速度	马赫数 0.95（1163.79 千米/时）		对地	• AGM-65"小牛"近程空对地导弹 • 陶鲁斯 KEPD 350 长程空对地导弹 • AGM-154 联合战区外武器
最大航程	4000 千米			
作战半径	926 千米			
推重比	0.9		炸弹	• 挂载点 10 个，其中有 3 个是 2000 磅（1 磅 ≈0.45 千克）挂载点 • 各式激光制导炸弹 • Mk82 低阻力通用炸弹 • 联合直接攻击炸弹（JDAM） • GBU-39 小直径炸弹

"鹰狮"战斗机外观图

苍穹劲舞
世界著名战斗机 CG 图册

怀才不遇

01 苏-47 "金雕" 验证机

苏-47"金雕"前掠翼技术验证机

清 徐锡麟《出塞》
军歌应唱大刀环
誓灭胡奴出玉关
只解沙场为国死
何须马革裹尸还

20 世纪 80 年代，在美国 NASA 和 DARPA 联合下，X-29 前掠翼验证机进入飞行试验阶段。前掠翼飞机的空气动力学理论和飞机控制相关科学都需要在真实飞行中来获取数据，当时苏联军方也责成苏霍伊设计局紧盯美国的 X-29 开展前掠翼飞机的探索。苏霍伊设计局虽然也已经着手开始注重前掠翼飞机的理论研究，但苏 -27 的研制工作才是当时的重中之重，哪有"闲工夫"去干别的？苏 -27 双座型苏 -27UB、舰载型苏 -27K、战斗轰炸型苏 -27IB 等型号全面铺开，苏霍伊设计局的前掠翼飞机只存在于理论上。1991 年，这个重要的时间节点影响着世界，更是我们描述各式战机的历史转折点。此刻，形势突然发生变化。苏联解体了。米格 1.44 失去了财政支持，苏霍伊设计局的前掠翼飞机项目更是无从谈起。

不过苏霍伊毕竟是苏霍伊，1997 年，尽管有着巨大的资金缺口，苏霍伊 S-37 前掠翼飞机还是成功首飞了。

S-37 飞机的首要任务是对于下一代飞机的技术性研究探索和技术储备试飞，从最开始的 1983 年立项到 1997 年首飞，从来都不是为了使用前掠翼飞机去竞争 PAK-FA 项目。苏霍伊设计局之后的相关公开资料也显示，S-37 飞机没有被设计成隐身飞机的初衷，但安排了一部分相关测试，就像 T-10M-8 飞机一样。通过试飞结果显示，S-37 飞机在亚声速下具有极高的敏捷性，使飞机能够非常快速改变攻角，并且在超声速飞行中也保持了比较不错的机动性。

前掠翼还具有更高的升阻比、更强的空战能力、亚声速飞行中航程更大、更好的抗失速和抗尾旋特性、提高大迎角下的稳定性，以及更短的起降距离。S-37 机身的复合材料使用率达到 13%，尤其 S-37 的机翼复合材料使用率更是达到了惊人的 90%。S-37 飞机还使用了机身中置弹舱，这也是提高敏捷性和减少飞行阻力的好办法，间接提高了飞机雷达隐身功能。S-37 使用与苏 -27 相同的座舱罩，座椅与 T-10M 相同的 30 度布置，安装两台 AL-41F 推力矢量发动机作为动力。两个不同长短的尾梁，左侧为后向雷达，右侧为减速伞舱。

2002 年之后，S-37 被苏霍伊设计局命名为苏 -47，北约代号：Firkin "木

桶"。之后,苏霍伊设计局为其起了一个更好听的名字:Berkut"金雕"。给予正式编号说明这时苏霍伊设计局对于苏-47飞机的态度起了微妙而又暧昧的变化,这种正式编号的命名有几个条件,进入部队服役或者对外销售。对于苏-47的未来现在我们都已经了解,没有进入俄罗斯服役,更没有国外买家,这次的命名可以说是苏霍伊再一次玩起了类似于苏-37的"小把戏"。

苏-47飞行试验持续到2005年,这不能简单归结于PAK-FA项目的新一代T-50即将首飞才使这个项目被淘汰。这架飞机从任何角度来讲都是纯粹的技术验证机,和美国X-29相同,没有进入部队服役的要求和动力。但不可否认苏-47验证机的众多技术都被T-50飞机应用,也为苏霍伊设计局建立了良好的技术储备。

苏-47"金雕"前掠翼技术验证机外观图

苏-47 验证机参数

乘员	1 人
长度	22.6 米
翼展	16.7 米
高度	6.3 米
翼面积	61.87 平方米
空重	16375 千克
最大起飞重量	35000 千克
发动机	2 台 AL-41F 推力矢量涡扇发动机
最大速度	2600 千米/时
巡航速度	1500 千米/时
爬升速度	233 米/秒
升限	18000 米
最大航程	4000 千米
推重比	满载 1.16　空载 1.77
武器	· 1 门 GSh-301 航炮，装弹 180 发 · 各种航空火箭弹及空对空导弹

苏-47 "金雕" 前掠翼技术验证机

怀才不遇

02 YF-23 "黑寡妇Ⅱ" 验证机

YF-23"黑寡妇Ⅱ"验证机

唐 李白 《子夜吴歌·春歌》

秦地罗敷女
采桑绿水边
素手青条上
红妆白日鲜
蚕饥妾欲去
五马莫留连

YF-23 验证机，单座双发隐身验证机。美国诺斯罗普公司研制，于竞争中败给 YF-22。

YF-23 的具体设计和性能参数至今仍然处于保密状态，没有数据支撑我们无法得知详情。坊间一直传闻 YF-23 比 YF-22 强大云云，这个说法是不科学和武断的。说 YF-23 比 YF-22 性能强，选择 YF-22 是阴谋论等说法有些不负责。当然，后期的 YF-22 进入量产型号设计之后跟原型机又有了一些区别，YF-23 倘若也进入量产型号的改进，谁也不知道会成什么样。

YF-23 大家习惯称之为"黑寡妇 II"，"黑寡妇"是美国二战时期的重型战斗机 P-61，YF-23 沿用这个名称没有得到官方的承认。

虽然与 YF-22 的竞争失败了，但不得不说 YF-23 的机身外形设计非常漂亮，这时候再一次想起马塞尔·达索那句著名的名言：只有好看的飞机，才是好飞机。

YF-23 "黑寡妇Ⅱ"验证机

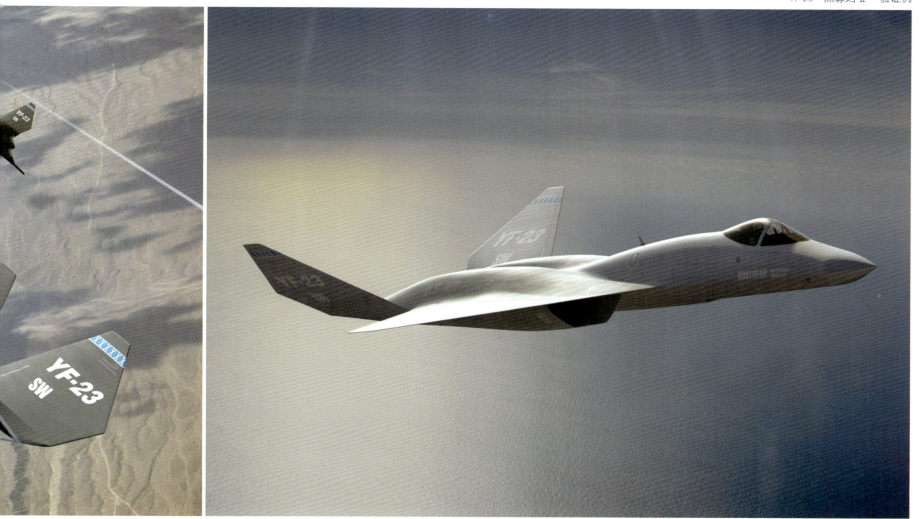

怀才不遇 189

YF-23 验证机参数

乘员	1 人	
长度	20.60 米	
翼展	13.30 米	
高度	4.30 米	
翼面积	88 平方米	
空重	13100 千克	
最大起飞重量	29000 千克	
发动机	2 台通用电气 YF120 或普惠 YF119 涡扇发动机	
最大速度	超过马赫数 2.2（2655 千米/时）	
巡航速度	马赫数 1.6（1706 千米/时）	
升限	19800 米	
最大航程	超过 4500 千米	
作战半径	1400 千米	
翼负荷	265 千克/米^2	
推重比	1.36	
武器	机炮	1 门 20 毫米口径 M61 火神式机炮
	导弹	AIM-9、AIM-7、AIM-120 空对空导弹

YF-23"黑寡妇Ⅱ"验证机外观图

03 米格 1.44 验证机

米格 1.44

怀才不遇 193

> 曾伴浮云归晚翠
> 犹陪落日泛秋声
> 世间无限丹青手
> 一片伤心画不成
>
> ——唐 高蟾《金陵晚望》

　　在 20 世纪 60 年代末期的新型远景歼击机项目中，苏联军方邀请所有有战机设计能力的设计局进行竞争，最后剩下三家：米高扬设计局，苏霍伊设计局，雅克设计局。最终苏霍伊设计局和米高扬设计局分别着手设计重型战机和轻型前线战机。雅克设计局的雅克-47 各项性能指标实在有些落后，跟苏联军方和各同行玩了一圈无功而返。新战机计划，又是这个熟悉的局面。米高扬设计局，苏霍伊设计局和雅克设计局再一次同场竞技，雅克设计局不出所料的又一次"陪榜"。1983 年，米高扬设计局开启了 412 工程。该工程也随着时代的潮涌上下起伏，最终于 20 世纪 90 年代设计出了米格 1.44 工程验证机。

　　2000 年 2 月，米格 1.44 工程验证机首飞成功。米格 1.44 设计方案只采用了很少一部分隐身设计，整机可动面达到了 18 个，大迎角飞行性能较低，飞机机体过于庞大，虽然是一架工程验证机，但几乎看不出这是一架可代表未来科技的新飞机。米格 1.44 采用三角翼加前翼布局，矩形进气道布置于机身下方，双垂尾双发。米格 1.44 相较于美国 F-22 没有优势，机身过于庞大，技术落伍，这架飞机的首飞并没有给米高扬设计局赢得新一代歼击机项目。

　　随着苏联解体，与其他苏联时期的军工企业一样，得不到政府的财政支持，米格 1.44 飞行次数很少，也是因为飞机不符合新时期战斗机发展标准，最终该项目不了了之。

米格 1.44 与苏 -47 双机编队

米格 1.44 与米格 -31 双机编队

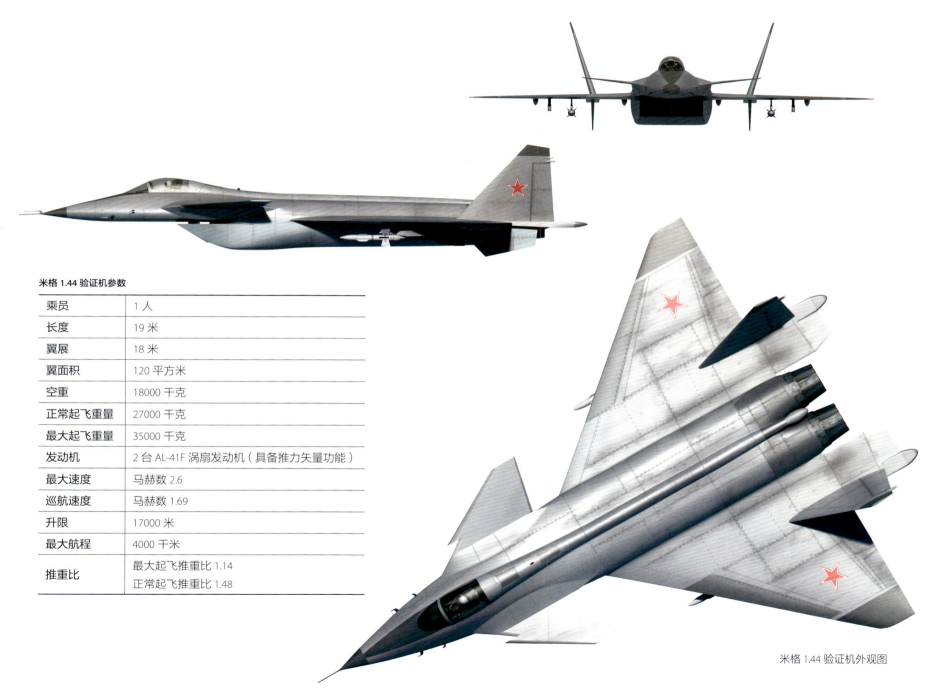

米格 1.44 验证机参数

乘员	1 人
长度	19 米
翼展	18 米
翼面积	120 平方米
空重	18000 千克
正常起飞重量	27000 千克
最大起飞重量	35000 千克
发动机	2 台 AL-41F 涡扇发动机（具备推力矢量功能）
最大速度	马赫数 2.6
巡航速度	马赫数 1.69
升限	17000 米
最大航程	4000 千米
推重比	最大起飞推重比 1.14 正常起飞推重比 1.48

米格 1.44 验证机外观图

苍穹劲舞
世界著名战斗机 CG 图册

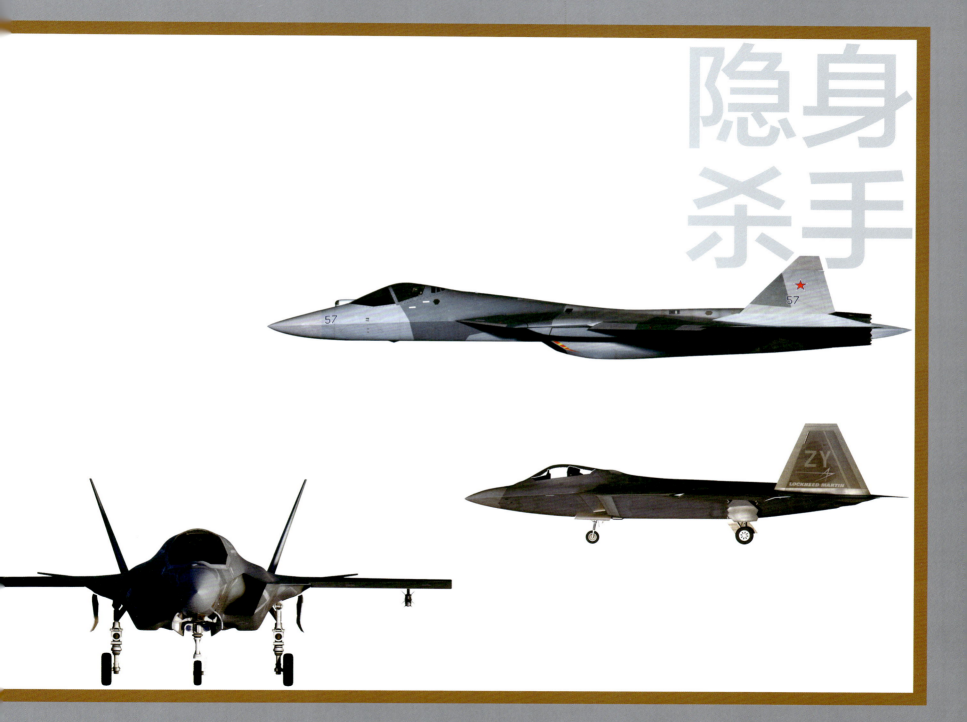

隐身杀手

01 F-117 "夜鹰" 攻击机

F-117"夜鹰"

宗泽《早发》

繖幄垂垂马踏沙
水长山远路多花
眼中形势胸中策
缓步徐行静不哗

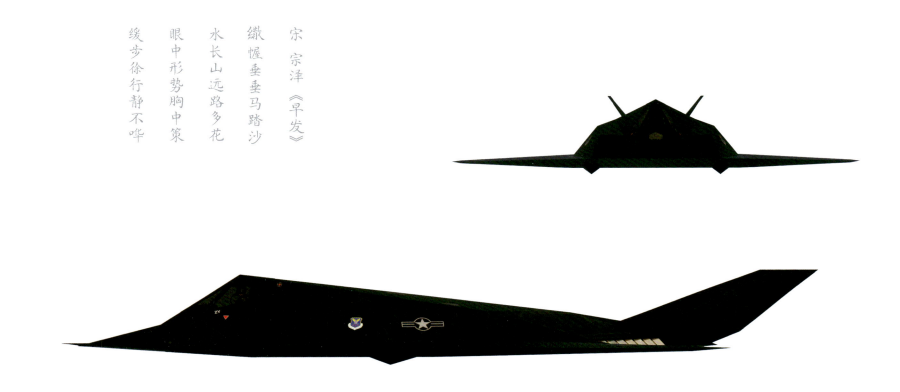

F-117"夜鹰"是美国空军隐身（战斗）攻击机，也是世界上第一款完全以隐身技术设计的飞机。F-117 由洛克希德公司设计生产，它的原型技术直接来源于拥蓝（Have Blue）计划。

虽然 F-117 在历次空中攻击任务中表现出其极为重要的价值，但由于军费削减的原因，美国国防部于 2006 年决定在数年内将所有的 F-117 退出现役。2008 年 4 月，F-117 正式退出作战序列，并于 2008 年 8 月进行了它的最后一次飞行。F-117 立项于 1973 年，最终洛克希德"先进发展计划"获得了合约。

F-117 首飞于 1977 年，从计划开始到首飞只花了 31 个月。第一架 F-117 于 1982 年交货，于 1983 年 10 月进入可操作状态，最后一批于 1990 年夏天交货。在 1988 年之前，空军从未承认过该型号飞机的存在。F-117 共生产了 54 架，其中 36 架在战备状态，其余则作为训练用机等。

尽管 F-117 在历次战争冲突中表现亮眼，但其设计使用的是 20 世纪 70 年代末的技术。虽然其隐身技术比除了 B-2、F-22、F-35 外的飞行器先进，但是维护工作的花费与人力成本太过高昂。另外，小平面隐身技术已经被更先进的技术取代。2006 年年末，美国空军已经关闭 F-117 的飞行员训练学校，并且宣布 F-117 退出现役。

F-117"夜鹰"外观图

F-117 攻击机参数

乘员	1 人
长度	20.09 米
翼展	13.20 米
高度	3.78 米
翼面积	73 平方米
空重	13400 千克
最大起飞重量	23800 千克
发动机	2 台通用电气 F404-F1D2 涡扇发动机
最大速度	1130 千米 / 时
升限	10000 米
最大航程	861 千米
推重比	0.40
武器	导弹：• AGM-65 小牛空对地导弹 • AGM-88 HARM 空对地导弹 炸弹：• BLU-109 • GBU-10 Paveway II 激光导引炸弹 • GBU-27 Paveway III 激光导引炸弹 其他：2 个内部武器舱，各有一个武器挂载点

F-117 "夜鹰"

02 F-22 "猛禽"战斗机

F-22 "猛禽"

> 荡胸生曾云
> 决眦入归鸟
> 会当凌绝顶
> 一览众山小
>
> ——唐 杜甫《望岳》

美国空军F-22"猛禽"隐身战斗机，世界首款隐身高机动五代机（俄标），单座双发双外倾垂尾，两侧进气。主要执行制空、对地、对海攻击及电子战和情报收集等任务。也是世界上第一种投入部队服役的可超声速巡航的战斗机，其创造性的超机动、隐身、高态势感知及超声速巡航等典型特征已经成为新一代战机的设计标准。

1990年，经过YF-23与YF-22两种机型的试验试飞验证考察之后，美国空军宣布洛克希德YF-22竞标成功，进入下一阶段的发展计划。诺斯罗普YF-23被淘汰，退出ATF计划。

F-22自诞生之日起，直接划定了新一代战斗机的技术标准：隐身化、超机动性、超声速巡航、高态势感知。F-22的超声速巡航虽然很强，得益于强大的F119-PW-100发动机，但也是个矛盾体。对于具有超声速巡航能力的战斗机来讲，其典型作战剖面的亚声速巡航段和超声速巡航段的长度可能相差不多，而对于长距离出击和转场，亚声速巡航效率更为重要。因此对于F-22，其机翼设计面临多方面矛盾。从超声速性能出发，机翼最好是大后掠小展弦比，从跨声速机动性考虑倾向中等后掠和中等展弦比，而起飞着陆性能则要求小后掠小展弦比机翼。F-22的机翼外形是典型的折中，选用小展弦比的菱形机翼。F-22这种考虑是因为这种机翼的结构效率高，可以减小机翼的重量和相对厚度。减小波阻，有利于隐身性能。

F-22的马赫数为2.2，超声速巡航马赫数为1.5，因此最初选用的机翼前缘后掠角为48°，超声速巡航时基本为亚声速前缘或在声速前缘附近，对减小超声速巡航阻力有利。原型机YF-22的机翼前缘后掠48°，后缘前掠17°，实际上有效后掠角不大，这主要从改善跨声速机动性和起飞着陆性能考虑。

F-22造价非常昂贵，连一向财大气粗的美国空军也有些难以承受，2009年的价格为单机1.5亿美元。

F-22装备AN/APG-77有源相控阵雷达，最新的AIM-9X近距空对空导弹、AIM-120C/D中程空对空导弹、强大的普惠F119-PW-100推力矢量发动机、先进航电与人机界面等，作战能力是F-15的数倍。两侧的加莱特进气道适合高速巡航，在飞机设计时就减少了飞机表面的突出物，从而让F-22的雷达隐身性能提升到极致。银和氧化镓的吸波涂料遍布机身，不过这种涂料不论从涂料本身还是喷涂人工，价格都极高。此种喷涂材料需要大量的精心修补与维护，后期的维护更是耗资巨大。另外，在开发F-22期间所建立的许多先进技术也沿用到中型的F-35"闪电Ⅱ"身上。洛克希德·马丁公司宣称，F-22的雷达反射截面最低为0.0001米^2，这当然有夸张的成分，但也不是凭空捏造、无的放矢。"猛禽"的隐身性能、超强的机动性、态势感知能力组合其空对空和空对地作战能力，使得它成为当今世界综合性能最佳的战斗机。

F-22"猛禽"外观图

F-22 战斗机参数

乘员	1 人
长度	18.92 米
翼展	13.56 米
高度	5.08 米
翼面积	78.04 平方米
空重	19700 千克，YF-22 为 14360 千克
正常起飞重量	29410 千克
最大起飞重量	38000 千克
发动机	2 台普惠 F119-PW-100 涡扇发动机
最大速度	马赫数 2.25（2756 千米/时）
巡航速度	马赫数 1.82（1963 千米/时）
升限	20000 米
最大航程	3220 千米
作战半径	851 千米
翼负荷	377 千克/米^2
推重比	1.08
武器	机炮：1 门 M61A2 20 毫米口径"火神"机炮 备弹 480 发 导弹： • AIM-9X • AIM-120C/D • JDAM • AGM-154 联合战区外武器 • GBU-39 SDB 炸弹：GBU-10、GBU-12、GBU-16、CBU-59 集束炸弹、Mk80 等

F-22"猛禽"

F-22 "猛禽"

隐身杀手

03 F-35B
"闪电 II"战斗机

F-35B "闪电 II" 短距垂直起降战斗机

唐 卢纶
《和张仆射塞下曲·其二》

林暗草惊风
将军夜引弓
平明寻白羽
没在石棱中

　　F-35"闪电Ⅱ"是由洛克希德·马丁公司设计及生产的单座单发多用途战机，为全球最多国家采购使用的新一代战斗机。采用了普惠公司的 F135 发动机，罗·罗公司亦参与了发动机设计。是一款远、近距离空对空战斗能力仅次于 F-22 的战斗机种，于 2015 年以 F-35B 为首开始服役。

　　开发厂商洛克希德·马丁以 X-35 验证机竞标联合攻击战斗机计划（JSF）并获选成为续存设计，进而开发出 F-35。此机种主要用于战场支援、目标轰炸、防空截击等多种任务，并因此发展出 3 种主要的衍生版本，包括采用传统跑道起降的 F-35A，短距垂直起降 F-35B、作为航空母舰舰载机的 F-35C。

　　F-35 将是美国与其盟国在 21 世纪的主力战机，美国空军、海军和海军陆战队总计将装备 2400 架，用以取代 F-16 战斗机系列、A-10 攻击机、F/A-18 战斗机系列、AV-8B 战斗机等机型。加上海外市场，全球订单合计已达 3200 架。

　　F-35B，美国海军陆战队及英国皇家海军"伊丽莎白女王"号航空母舰舰载机的型号，是短距垂直起降型。两级对转升力风扇是 F135 发动机之外新增加的装置，是 F-35B 动力系统的重要组成部分。它安装在驾驶舱后部，可提供 44.5 千牛的附加推力，所以使主发动机能在较低温度下以较小的负荷运转，从而提高了可靠性和使用寿命。F-35B 的垂直升力主要靠机上装置的两级对转升力风扇提供，它的进气道自然就可以设计得比较小。

　　可以进行垂直起降的 F-35B（编号 BF-1）于 2008 年 6 月 11 日进行第一次试飞，不过起飞的过程仍是采用传统的滑行方式。事实上，F-35B 的设计是可以垂直飞的，但垂直起飞时载弹量会受到很大的限制，且垂直起

F-35B"闪电Ⅱ"短距垂直起降战斗机外观图

飞相当耗油,所以垂直起飞不具战术上的优势。而任务结束返航时,因燃油消耗与飞机携带弹药已投射让重量减轻,适合垂直降落的模式,垂直降落只需要小的空间,且不需严苛的平坦场地、不需拦截索等设备,即可短时间内让多架战机迅速降落,所以实战时通常是选择短场起飞、垂直降落的模式。

F-35B 战斗机参数

乘员	1 人
长度	15.4 米
翼展	10.7 米
高度	4.33 米
翼面积	42.7 平方米
空重	14715 千克
正常起飞重量	21770 千克
最大起飞重量	27200 千克
发动机	一台普惠 F135-PW-600 涡轮风扇发动机和一具劳斯莱斯的升力系统
最大速度	1960 千米 / 时
巡航速度	1225 千米 / 时
升限	18300 米
航程	1670 千米
作战半径	935 千米
翼载荷	525 千克 / 米^2
推重比	0.9
过载	7.5
武器	机炮：1 门 GAU-22/A 25 毫米口径机炮 导弹： ・AIM-120 ・AIM-9X ・AIM-132 ・欧洲"流星"导弹 空对地导弹： ・"JASSM"联合空对地远距攻击导弹 ・AARGM-ER 反辐射导弹 空对舰导弹： ・JSM 隐身反舰导弹 ・LRASM 反舰导弹 ・风偏修正弹药洒布器 炸弹： ・"JDAM"联合直接攻击弹药 ・"JSOW"联合远距攻击武器 ・B-61 战术核弹 ・GBU-39 小直径炸弹

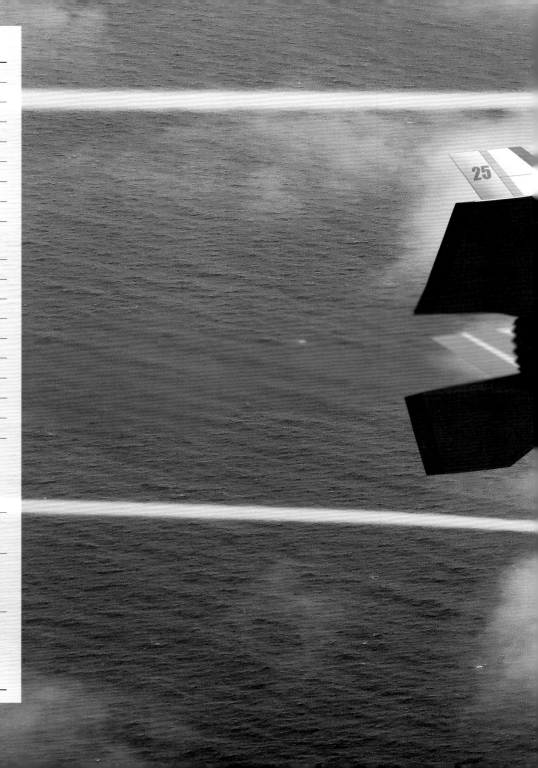

F-35B "闪电Ⅱ"短距垂直起降战斗机

F-35B"闪电Ⅱ"短距垂直起降战斗机降落两栖攻击舰

F-35B"闪电Ⅱ"短距垂直起降战斗机从英国"伊丽莎白女王"号航母起飞

F-35B"闪电Ⅱ"短距垂直起降战斗机发射 AIM-9X 空空导弹

F-35B"闪电Ⅱ"短距垂直起降战斗机

04 苏-57
"重案犯"战斗机

苏-57 战斗机

明 戚继光《望阙台》

十年驱驰海色寒
孤臣于此望宸銮
繁霜尽是心头血
洒向千峰秋叶丹

    PAK-FA 项目，1998 年俄罗斯军方的新一代战机计划，这其实是当年 I-90 计划的延续。I-90 计划时断时续一直没有实质进展，直到 1991 年后苏联解体，该项目等于变相终止。

    2010 年 1 月 29 日共青城上空，苏霍伊设计局代号 T-50 的新一代歼击机首飞成功。北约代号：重案犯。

    T-50 与苏 -27 一样，使用翼身融合升力体设计。双发、双垂尾、腹部进气道，外观看就像苏 -27 隐身版本。2017 年正式赋予编号为苏 -57。苏 -57 飞机量产型计划使用 AL-41F3（产品 30）推力矢量发动机作为动力。和几乎苏 -27 飞机家族每一个新型号一样，T-50 本该于 2007 年之前首飞，这次不出意外再一次因为发动机推迟到了 2010 年。

    无论何种装备都是为了适应本国作战的基本需求，不能因为片面追求某些指标就要"大而全"。苏 -57 飞机外观不像美国 F-22 那般平整，机身凸出物很多，两个硕大的发动机舱和发动机喷口就那么简单粗暴直接暴露在外，好似不甚追求极致隐身效果。当然，苏 -57 是俄罗斯最新装备，其数据处于保密状态，外人不得而知，用肉眼和经验无法判断苏 -57 的隐身性能究竟如何。

苏-57战斗机

苏-57与苏-27双机编队

苏-57 战斗机

苏-57 与美国 F-22 等新一代隐身战机也都追求高机动性，这和未来空战模式有关。未来空战虽然双方都是隐身战机，强调和追求远距离发现对方，先敌开火发射导弹，不过远程导弹的机动性虽强也不是 100% 命中率。一旦避开敌方导弹的打击那么就要飞机本身具有强大的能量机动性进行近距离搏斗，高机动性是战斗机不论哪个年代都不可能舍弃也是孜孜以求的重要指标。

目前根据公开资料信息来看，苏-57 的航空电子设备比以往有了长足进步。被俄罗斯宣传的神乎其神的苏-35S "雪豹" 无源相控阵雷达据称探测距离也有 400 千米之多，但实际效果只有使用国才能得知。看得远不一定打得准，是否在抗干扰能力和目标获取上有巨大进步目前不得而知。以往苏俄系飞机的下视下射能力普遍较弱，这次苏-57 如果真如宣称这般，那也是俄罗斯航空电子设备的巨大进步。

与上一代战机相比，苏-57 有更强大的作战能力，集制空、对地、对海攻击于一体，多用途战斗能力提高较大。从苏霍伊设计局苏-27 研制历程的经验来看，苏-57 虽然已经服役，但离完全实现设计能力还需经过一段时间，保守估计到 2027 年左右苏-57 才可以实现全面的战斗力。

苏-57 战斗机参数

乘员	1 人	机炮	1 门 GSh-30-1 机炮 装弹 150 发
长度	20.1 米	火箭	• S-5 航空火箭弹 • S-8 航空火箭弹 • S-13 航空火箭弹 • S-24 航空火箭弹 • S-25 航空火箭弹等
翼展	14.1 米		
高度	4.74 米		
翼面积	78.8 平方米		
空重	18000 千克		
正常起飞重量	25000 千克	导弹	• R-27 中程空对空导弹 • R-73/ K-74M2 短距空对空导弹 • R-77M 中程空对空导弹 • Kh-15A 中程空对舰导弹 • Kh-29T/L 半主动制导对地导弹 • Kh-31 中程空对舰导弹 • Kh-35 中程空对舰导弹 • Kh-38/Kh-38M 主动雷达空对地导弹 • Kh-55 空射巡航导弹 • Kh-58UShKE 反辐射导弹 • Kh-59ME 空对地导弹 • R-37M 远程空对空导弹等
最大起飞重量	35000 千克		
发动机	AL-41F1A（产品 117）轴对称矢量喷口涡扇发动机 ±20 度偏转		
最大推力	93.10 千牛		
最大加力推力	147.2 千牛		
最大燃油量	10300 千克		
最大速度	马赫数 2.0（约 2120 千米 / 时）		
巡航速度	马赫数 1.6（约 1710 千米 / 时）		
爬升速度	350 米 / 秒		
升限	20000 米		
最大航程	3500 千米	炸弹	• KAB-500KR/500L • KAB-1500KR • FAB-500T • FAB-250-270 等航空炸弹
翼负荷	317 千克 / 米^2		
推重比	1.02		
最大过载	9.0		

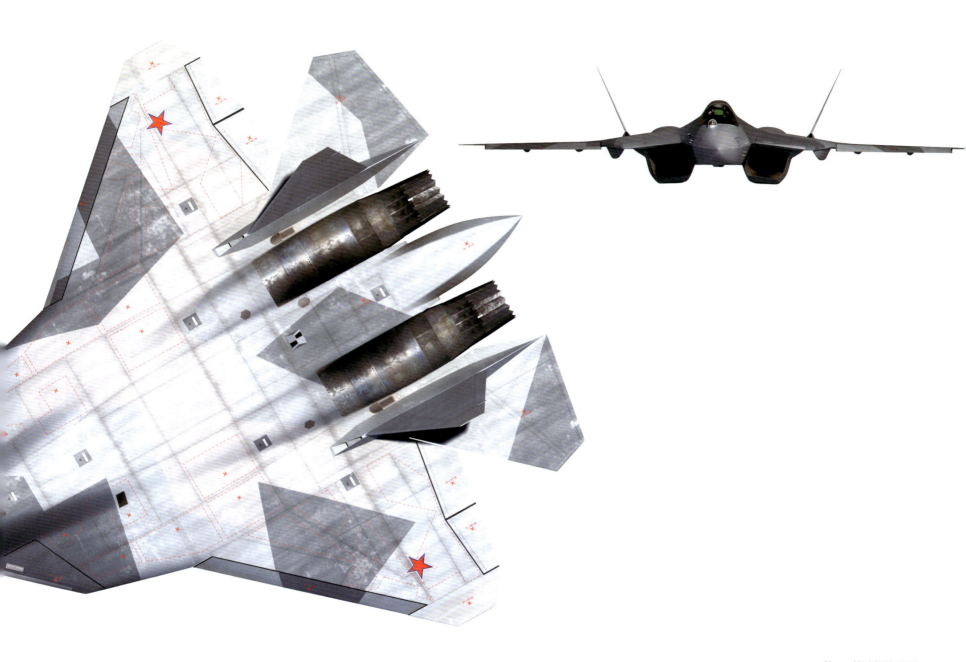

苏-57战斗机外观图

隐身杀手

苍穹劲舞
世界著名战斗机 CG 图册

未来之星

01 法国六代概念机

法国 FCAS 计划，计划于 2035 年首飞，但该计划目前没有相关推进报道，只停留在概念设计阶段。此前，在法国巴黎国际海事防务展上，达索公司展出了第六代战机 NGF 的概念模型，法国也成为继英国公开暴风六代机模型之后，全球第二个展出六代机模型的国家。

法国六代概念机采用金属亮灰色涂装，气动外形最大的特点，就是取消了垂尾设计，整体采用了无尾三角翼和大边条翼设计方案。

有的国家认为六代机在保持高隐身性能的同时，应更加注重超远程打击能力。有的国家认为，六代机应该具备全方位作战能力，如可以与具备空中电子攻击能力、先进综合防空系统、无源探测设备、综合自防御设备、定向能武器和网络电磁攻击能力的敌军作战。还有的国家认为，六代机除了五代机 4S 标准外，最大的不同，应该是具备超强人工智能实力，甚至完全实现无人化作战或指挥无人战机编队作战能力。

法国展出的 NGF 六代机模型，除了具备超隐身性能可以基本确定外，其他人工智能和全方位作战能力等性能，短期内还不能确定是否具备。不过，法国达索公司曾经设计出"幻影"2000 和"阵风"这样优秀的战机，虽然没有推出本国第五代隐身战机，但法国拥有完善的航空工业体系，如果想要跨代研制第六代战机，虽然难度极大，但也不是完全不可能。

法国六代概念机与"阵风"双机编队想象图

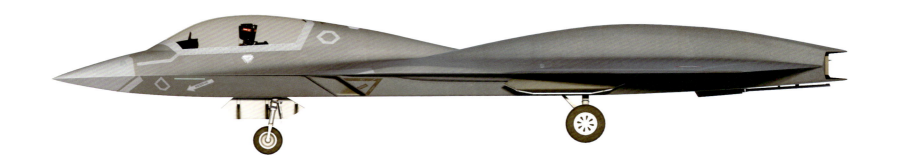

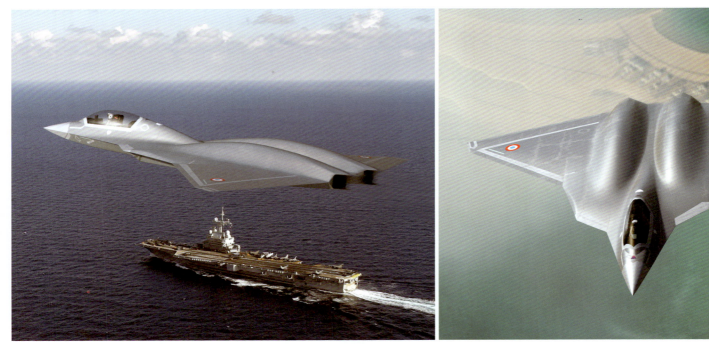

法国六代概念机

法国六代概念机外观图

02 英国"暴风"六代概念机

英国"暴风"六代概念机

暴风项目最早起源于 2018 的英国，意大利及瑞典随后加入。暴风战机项目由英国 BAE 系统公司负责统筹及开发、劳斯莱斯公司进行发动机设计、意大利列奥那多公司负责雷达及电战系统、MBDA（欧洲导弹集团）生产机载武器，且暴风战机预计采用全电系统及座舱虚拟技术。

2018 年英国范堡罗航展开幕式当天，英国首次公开了第六代"暴风"战机模型，一经问世，便引起外界的高度关注。从英国公开的六代机模型可以知道，该机采用双发、双垂尾、无尾翼布局方案，机头为菱形设计，尾喷口并没有将发动机暴露在外，尽可能提高隐身性能。从这些设计上可以知道，暴风战机追求更全面的隐身性能。暴风战机最大的特点之一，是取消了驾驶舱内的各种显示屏和仪表设备，飞行员依靠具备 AR 功能的头盔，获得各种战场所需的相关信息。按照英国人自己的说法，这一设计可以在降低飞行员操作强度的同时，增强战场态势的感知能力。

暴风战机设计上还有一个亮点，那就是具备指挥、控制无人战机的能力。

有专家指出，六代机的一个重要指标，就是有人和无人结合，除了可能会有第六代无人战机外，第六代有人战机指挥无人战机的能力，也是六代机的一个重要指标，而暴风战机在设计之初，就十分重视对无人战机的指挥能力。不过，这些设计并不足以说明，英国的暴风战机是一款全新的六代机，因为，不管从哪些方面来看，英国的暴风战机都不具备比五代机领先一代的技术指标。

英国"暴风"六代概念机与"台风"双机编队想象图

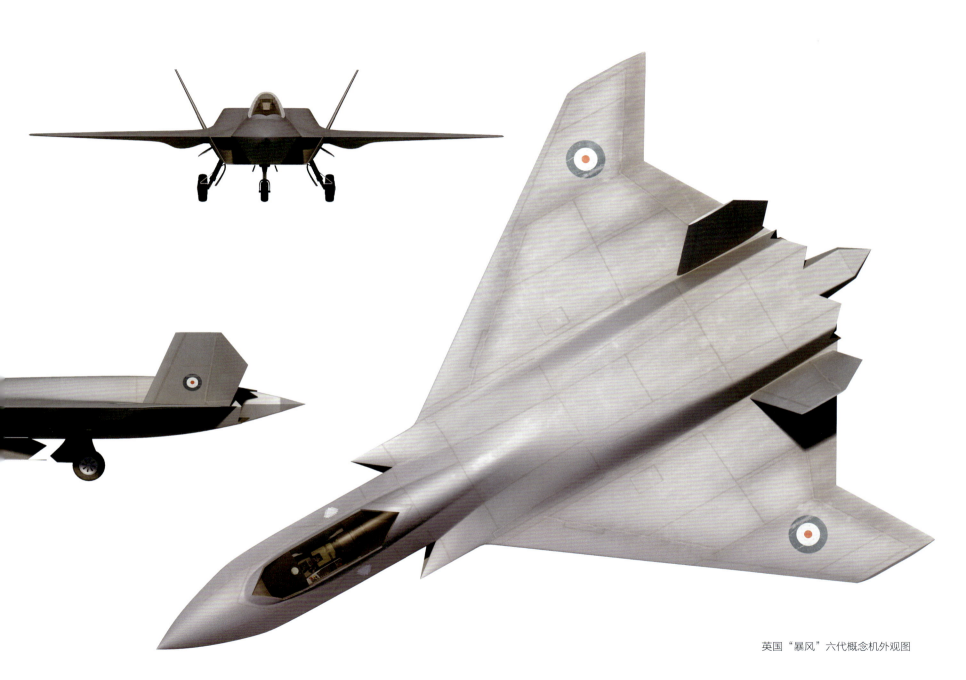

英国"暴风"六代概念机外观图

未来之星 **239**

03 美国 FXX 六代概念机

2010 年 11 月 3 日，美国空军装备司令部（AFMC）向工业界发布了一份信息征询通告，要求工业界提供关于可在 2030 年左右形成初始作战能力的新战机项目草案。目前全球首先实体化提案并公开的六代战斗机只有波音公司的项目，2014 年 12 月美国华盛顿特区举行的美国海军协会大展上，波音公布了一款无垂直尾翼的六代概念机构想图，该机将有双飞行员版本和无人机版本，两版外形雷同，但详细性能不明。

美国FXX六代概念机与F-22双机编队想象图

美国 FXX 六代概念机

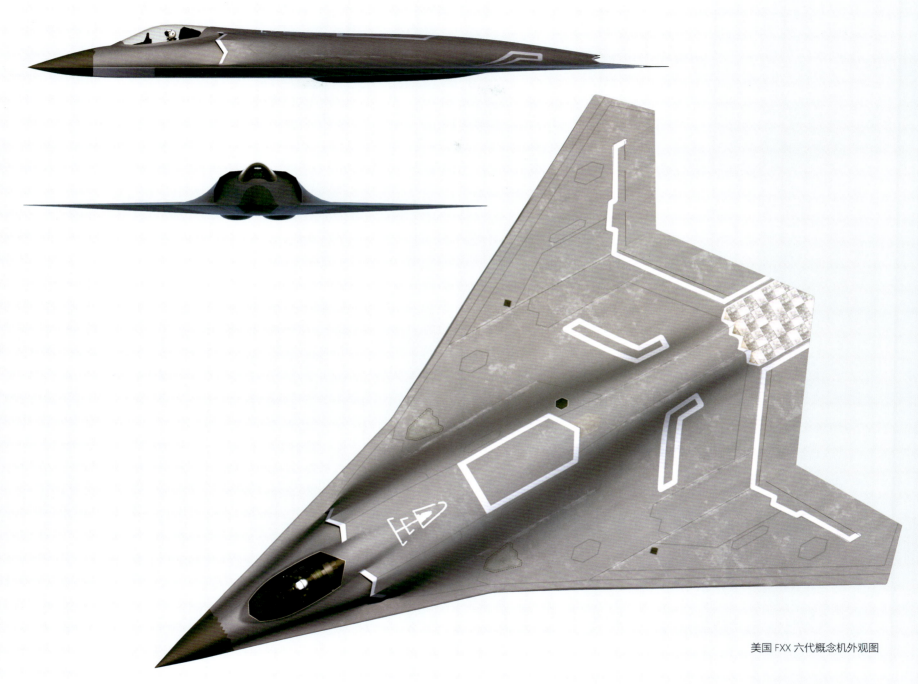

美国 FXX 六代概念机外观图

04 俄罗斯苏-75 概念机

俄罗斯苏-75 概念机

苏-75是一款俄罗斯苏霍伊航空集团正在研发中的轻型单发动机第五代战斗机,未来可能服役于俄罗斯空天军。2021年7月的莫斯科国际航空航天展览会上,俄罗斯总统普京亲自展示苏-75的1:1模型。

以目前俄罗斯的经济状况看,该机犹如水中月镜中花,是否能够完成设计也要画一个问号。当然,也不排除国际合作的可能。

俄罗斯苏-75概念机与苏-57战斗机想象图

俄罗斯苏-75 概念机外观图

苍穹劲舞
世界著名战斗机 CG 图册

战场大脑

01 P-3"猎户座" 侦察/巡逻机

挪威皇家空军第 333 联队的 602 号 P-3B "猎户座" 反潜巡逻机

> 先秦 左丘明《曹刿论战》
>
> 夫大国
> 难测也
> 惧有伏焉
> 吾视其辙乱
> 望其旗靡
> 故逐之

臭名昭著的 P-3 "猎户座" 系列飞机。

P-3 "猎户座" 是美国洛克希德公司设计生产的海上巡逻机，已被世界许多国家所采用，主要用途是海上巡逻、侦察与反潜作战。1958 年 8 月 19 日首飞，1961 年 4 月 15 日 P3V-1 交付于马里兰州帕图森河海军基地驻扎的第 8 巡逻中队。第二支换装的单位是 1962 年 9 月 18 日同一基地的第 44 巡逻中队，但到 1962 年交付时，已统一的代号系统将之命名为 P-3，第一批量产型称为 P-3A。

P-3 系列飞机可谓报纸新闻行业中的明星，经常出现在头版头条，但绝大多数都是其侵犯别国领空被驱逐或与别国飞机相撞，如著名的 "巴伦支海事件"。该机虽然飞行品质一般，但却一直扮演着霸权主义急先锋的角色，是一款比较令别国厌恶、恶名远扬的飞机。

EP-3 侦察机

P-3 侦察/巡逻机参数

乘员	11 人	
长度	35.6 米	
翼展	30.4 米	
高度	10.3 米	
翼面积	120.8 平方米	
空重	35000 千克	
最大起飞重量	64400 千克	
最大速度	750 千米/时	
巡航速度	610 千米/时	
爬升速度	16 米/秒	
升限	10400 米	
最大航程	9000 千米	
武器	火箭	航空火箭弹
	导弹	• AGM-84 鱼叉反舰导弹 • AGM-65 小牛导弹
	炸弹	9000 千克航空炸弹
	其他	• Mk 46 型鱼雷 • Mk 50 型鱼雷 • Mk 54 型鱼雷 • 水雷 • 深水炸弹 • 48 个预载声呐浮标，最多可超过 50 个

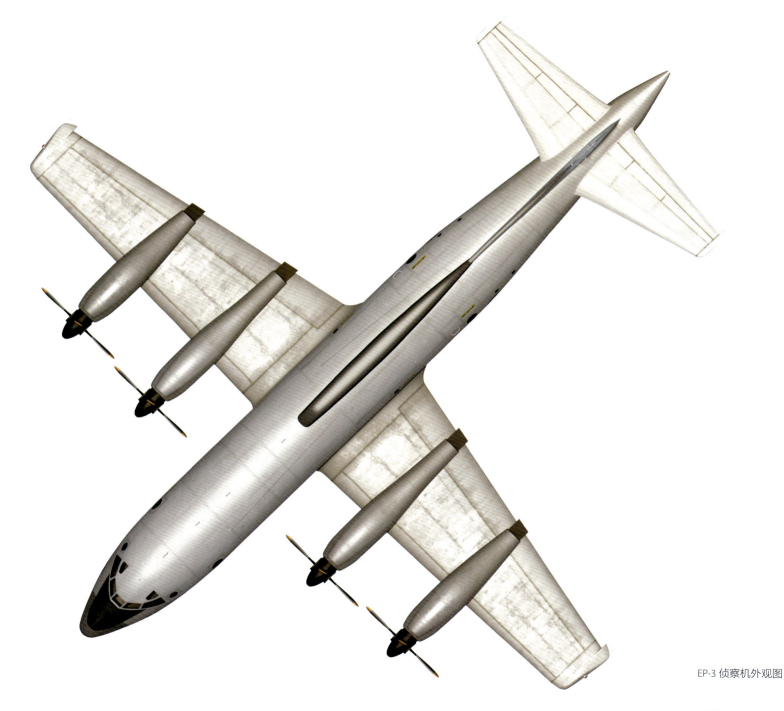

EP-3 侦察机外观图

02 E-3 "望楼" 空中预警机

E-3"望楼"预警机与 F-35B 编队

唐卢纶
《和张仆射塞下曲·其一》

鹫翎金仆姑
燕尾绣蝥弧
独立扬新令
千营共一呼

　　E-3"望楼"预警机是波音公司生产的全天候空中预警机，主要提供管制、控制、通讯、侦搜等功能。美国、英国、沙特阿拉伯、法国等国家都有使用，1992 年生产线关闭前一共生产了 68 架。

　　E-3 预警机直接在波音 707 商用机的机身上加上旋转雷达模组及陆空加油模组。雷达直径 9.1 米，中央厚度 1.8 米，用两根 4.2 米的支撑架撑在机体上方。AN/APY-1/2 水平旋转雷达可以监控地面到同温层之间的空间（包含水面）。

　　E-3 预警机所用的脉冲多普勒雷达可以在 400 千米半径以上的范围内侦测低空飞行目标，而水平脉冲波则可在 650 千米范围内侦测中到高空的空中目标，雷达组中的副监督雷达子系统可以进一步对目标进行辨认和敌我识别，并消除地面物体造成的杂乱信息。

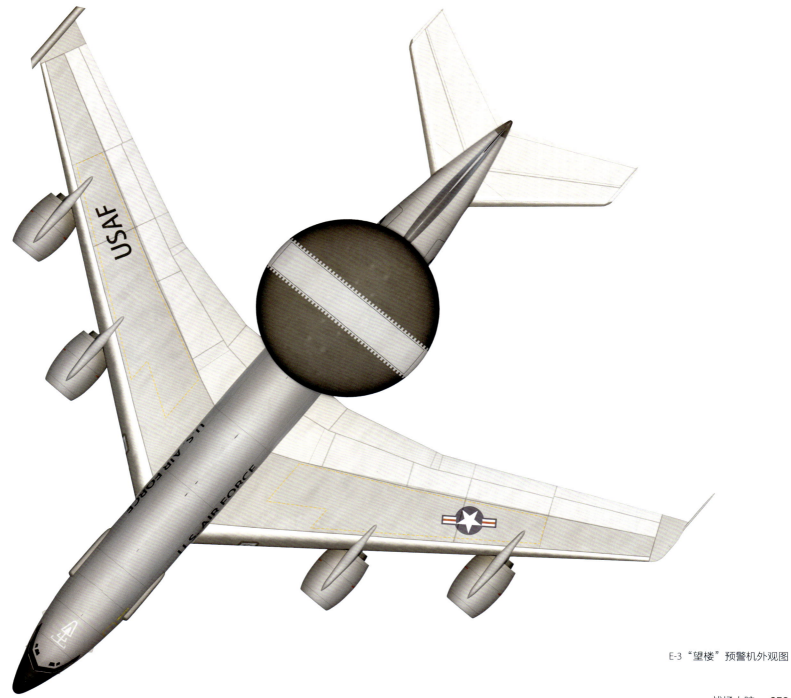

E-3"望楼"预警机外观图

E-3"望楼"预警机与F-35B编队

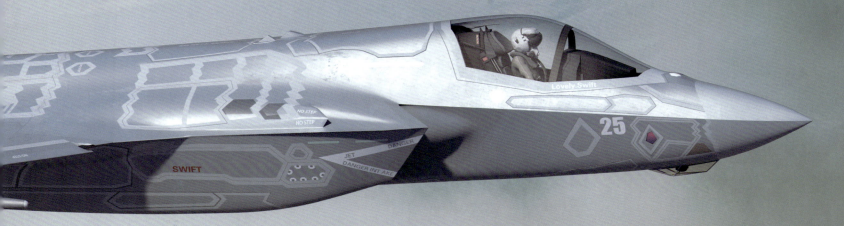

战场大脑 261

03 A-50"支柱"空中预警机

A-50 预警机

唐　杜甫
《房兵曹胡马诗》
所向无空阔
真堪托死生
骁腾有如此
万里可横行

A-50 预警机，北约代号为"支柱"。苏联别里耶夫设计局由伊尔-76 大型运输机改装而来的远程预警机。

A-50 于 1978 年首飞，1984 年进入部队服役。装备"野蜂"多普勒雷达，后期改装为"雄蜂-M"雷达。是苏联/俄罗斯主力大型空中预警机，作用与美国 E-3"望楼"预警机相同。

A-50 预警机外观图

A-50 预警机

04 P-8A "海神"反潜巡逻机

P-8A"海神"反潜巡逻机

P-8A "海神"反潜巡逻机与 EA-18G 双机编队

清 赵翼
《论诗五首·其二》
李杜诗篇万口传
至今已觉不新鲜
江山代有才人出
各领风骚数百年

P-8"海神"（亦可称为"波塞冬"）是美国波音公司所设计生产的一种海上巡逻机，并以波音737-800客机作为开发基础，用来取代服役已久逐渐老旧化的P-3C"猎户座"反潜巡逻机。P-8主要用途为海上巡逻、侦察和反潜作战，机上配置有5个内置与6个外置武器挂载点。

P-8A"海神"反潜巡逻机外观图

附录　部分机载武器

俄制空空导弹

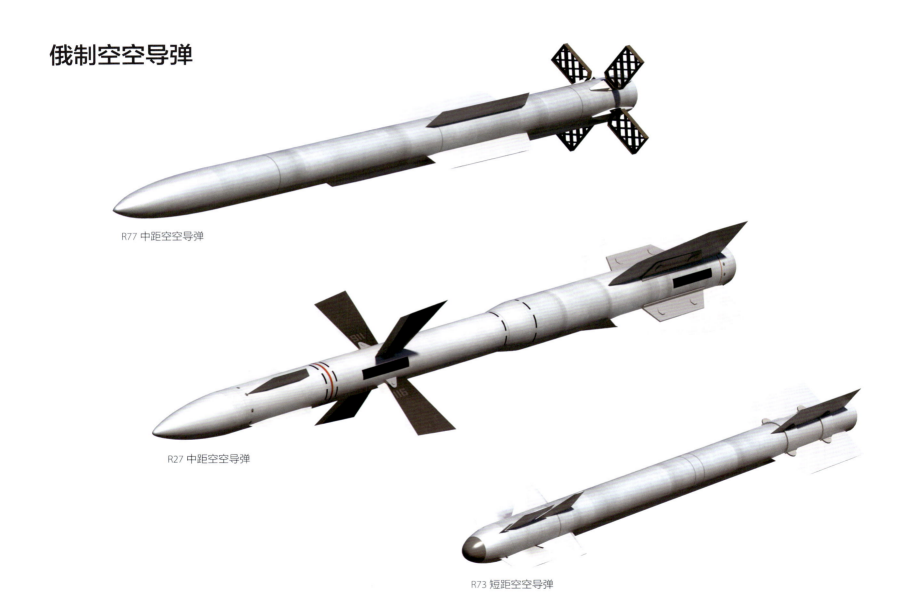

R77 中距空空导弹

R27 中距空空导弹

R73 短距空空导弹

美制空空导弹

AIM-9X "响尾蛇" 短距空空导弹

AIM-9M "响尾蛇" 短距空空导弹

AIM-120 AMRAAM 先进中距空空导弹

AIM-54 "不死鸟" 远程空空导弹

其他导弹

欧洲"流星"先进空空导弹

美制 AGM-88 反辐射导弹

俄制对地攻击武器

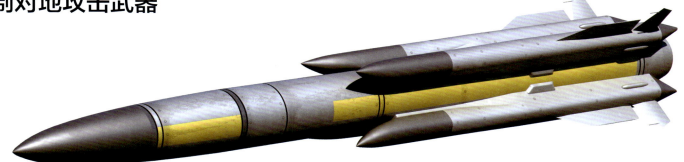

KH-31 反辐射导弹

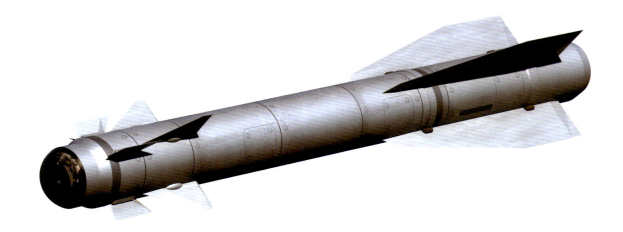

X-29T 空地导弹

美制对地攻击武器

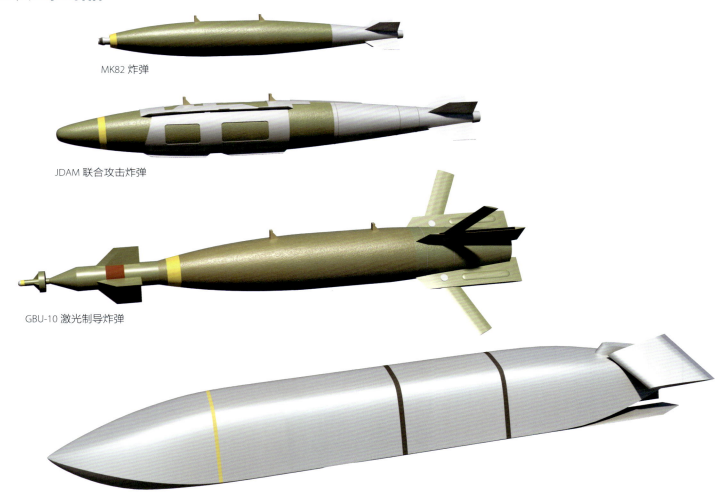

MK82 炸弹

JDAM 联合攻击炸弹

GBU-10 激光制导炸弹

AGM-158 联合防区外空地导弹